新型职业农民创业致富技能宝典
规模化养殖场生产经营全程关键技术丛书

水产养殖场生产经营全程关键技术

翟旭亮　李　虹　主编

中国农业出版社
北　京

图书在版编目（CIP）数据

水产养殖场生产经营全程关键技术/翟旭亮，李虹主编．—北京：中国农业出版社，2020.1

（新型职业农民创业致富技能宝典．规模化养殖场生产经营全程关键技术丛书）

ISBN 978-7-109-25519-7

Ⅰ.①水… Ⅱ.①翟… ②李… Ⅲ.①水产养殖-问题解答 Ⅳ.①S96-44

中国版本图书馆 CIP 数据核字（2019）第 095665 号

中国农业出版社出版

地址：北京市朝阳区麦子店街 18 号楼

邮编：100125

责任编辑：黄向阳 刘宗慧

版式设计：王 晨 责任校对：张楚翘

印刷：北京万友印刷有限公司

版次：2020 年 1 月第 1 版

印次：2020 年 1 月北京第 1 次印刷

发行：新华书店北京发行所

开本：880mm×1230mm 1/32

印张：6

字数：140 千字

定价：26.00 元

规模化养殖场生产经营全程关键技术丛书

编委会

本书编写委员会

主　编：翟旭亮　李　虹

编　委（按姓氏笔画排序）：

刁晓明　王　波　王　强　朱成科

杜朝晖　李　洋　吴晓清　张　波

何忠谊　陈玉露　罗　莉　罗　强

周春龙　袁建明　梁　毅　梅会清

靳　涛　鲍洪波　薛　洋　刘小华

本书有关用药的声明

随着兽医科学研究的发展、临床经验的积累及知识的不断更新，治疗方法及用药也必须或有必要做相应的调整。建议读者在使用每一种药物之前，参阅厂家提供的产品说明书以确认推荐的药物用量、用药方法、所需用药的时间及禁忌等，并遵守用药安全注意事项。执业兽医有责任根据经验和对患病动物的了解决定用药量及选择最佳治疗方案。出版社和作者对动物治疗中所发生的损失或损害，不承担任何责任。

中国农业出版社

PREFACE 丛书序

改革开放以来，我国畜牧业经过近 40 年的高速发展，已经进入了一个新的时代。据统计，2017 年，全年猪牛羊禽肉产量 8 431 万吨，比上年增长 0.8%。其中，猪肉产量 5 340 万吨，增长 0.8%；牛肉产量 726 万吨，增长 1.3%；羊肉产量 468 万吨，增长 1.8%；禽肉产量 1 897 万吨，增长 0.5%。禽蛋产量 3 070 万吨，下降 0.8%。牛奶产量 3 545 万吨，下降 1.6%。年末生猪存栏 43 325 万头，下降 0.4%；生猪出栏 68 861 万头，增长 0.5%。从畜禽饲养量和肉蛋奶产量看，我国已然是养殖大国，但距养殖强国差距巨大，主要表现在：一是技术水平和机械化程度低下导致生产效率较低，如每头母猪每年提供的上市肥猪比国际先进水平少 8～10 头，畜禽饲料转化率比发达国家低 10%以上；二是畜牧业发展所面临的污染问题和环境保护压力日益突出，作为企业，在发展的同时应该最大限度地避免或减少对环境的污染；三是随着畜牧业的快速发展，一些传染病也在逐渐增多，疫病防控难度大，给人畜都带来了严重危害。如何实现“自动化硬件设施、畜禽遗传改良、生产方式、科学系统防疫、生态环境保护、肉品安全管理”等全方位提升，促进我国畜牧业和水产养殖业从数量型向质量效益型转变，是我国畜牧、水产科研、教学、技术推广和生产工作者必须高度重视的问题。

党的十九大提出实施乡村振兴战略，2018年中央农村工作会议提出以实施乡村振兴战略为总抓手，以推进农业供给侧结构性改革为主线，以优化农业产能和增加农民收入为目标，坚持质量兴农、绿色兴农、效益优先，加快转变农业生产方式，推进改革创新、科技创新、工作创新，大力构建现代农业产业体系、生产体系、经营体系，大力发展新主体、新产业、新业态，大力推进质量变革、效率变革、动力变革，加快农业农村现代化步伐，朝着决胜全面建成小康社会的目标继续前进，这些要求对畜牧业和水产养殖业的发展既是重要任务，也是重大机遇。推动畜牧业在农业中率先实现现代化，是畜牧业和水产养殖业的助力“农业强”的重大责任；带动亿万农户养殖增收，是畜牧业和水产养殖业的助力“农民富”的重要使命；开展养殖环境治理，是畜牧业和水产养殖业的助力“农村美”的历史担当。农业农村部部长韩长赋在全国农业工作会议上的讲话中已明确指出，我国农业科技进步贡献率达到57.5%，养殖规模化率已达到56%。今后，随着农业供给侧结构性调整的不断深入，养殖规模化率将进一步提高。如何推广畜禽水产规模化养殖现代技术，解决规模化养殖生产、经营和管理中的问题，对进一步促进畜牧业和水产养殖业可持续健康发展至关重要。

为此，重庆市畜牧科学院联合西南大学、重庆市畜牧技术推广总站、重庆市水产技术推广站和畜禽养殖企业的专家学者及生产实践的一线人员，针对养殖业中存在的问题，系统地编撰了《规模化养殖场生产经营全程关键技术丛书》，按不同畜种独立成册，包括生猪、蜜蜂、肉兔、肉鸡、蛋鸡、水禽、肉羊、肉牛、水产品共9个分册。内容紧扣生产实际，以问题为导向，针对从建场规划到生产出畜产品全过程、各环节遇到的常见问题和热点、难点问题，提出问题，解决问题。提问具体、明确，解答详细、充实，图文并茂，可操作性强。我们真诚地希望这套丛书能够为规模化养殖场饲养员、技术员及相关管理人员提供最为实用的技术帮助，为新型职业农民、家庭农场、农民合作社、农业企业及社会化服务组织等新型农业生产经营主体在产业选择和生产经营中提供指导。

刘作华

FOREWORD 前言

我国是世界渔业大国，水产品产量已多年位居世界首位，渔业成为乡村振兴的支柱产业之一。当前，随着渔业供给侧结构性改革不断深入，渔业发展进入新阶段，水产品结构的多样化，客观上要求渔业生产必须改变单一的产品结构，要从单纯追求数量增长转向数量、质量、生态效益并重，从根本上改变渔业产业经济增长方式，使我国成为渔业强国。生产一线广大水产养殖户急需对生产有指导意义、可操作性强、系统全面的水产养殖实用技术。为了满足广大养殖者的需求，我们组织编写了《水产养殖场生产经营全程关键技术》一书。

本书内容涵盖水产养殖全程技术要点，主要围绕养殖场建设、养殖品种、苗种繁育、饲料与投喂、养殖管理、鱼病防治、捕捞、产品运输与加工、生产责任管理、水产品质量安全管理十个方面，在结合作者科学研究成果和多年生产实践的基础上，查阅大量的文献资料，并加以筛选和提炼，对生产经营全程关键技术问题作了较详细的回答，旨在提高渔民养殖技术水平和管理能力。

本书的编写得到了国家大宗淡水鱼产业技术体系和重

庆市生态渔产业技术体系项目以及西南大学等相关单位的支持。由于本书涉及内容较广，参阅资料较多，作者水平有限，不妥之处恳请广大读者批评指正。

编　者

2019年6月

CONTENTS 目录

第一章 养殖场建设

第一节 市场调研

1. 什么是水产品？水产养殖包括哪些类型？

水产品是海洋和淡水渔业生产的动植物及其加工产品的统称。

根据养殖水体盐度的高低，水产养殖可大体分为淡水养殖和海水养殖两种；根据养殖水域的不同，可分为江河、湖泊、水库、稻田、池塘、浅海、滩涂和港湾养殖等；根据养殖方式的不同，又可以分池塘养殖、大水面养殖、工厂化（循环水）养殖、滩涂养殖、浅海养殖、港湾养殖和海洋牧场等。

本书主要阐述的是池塘或大水面养殖的淡水渔业全程生产技术。

2. 我国水产品总产量有多大？

2017 年，全国水产品总产量 6 445.33 万吨，其中，养殖产量 4 905.99 万吨，捕捞产量 1 539.34 万吨，养殖产品与捕捞产品的产量比例为 76.1∶23.9；海水产品产量 3 321.74 万吨，淡水产品产量 3 123.59 万吨，海水产品与淡水产品的产量比例为 51.5∶48.5。

3. 我国水产品消费需求的变化趋势是什么？

随着生活水平的逐步提高，人民对水产品的需求日益增加，水产品消费占食品消费的比重逐年加大。

从消费总量看，2000—2011 年间，我国居民水产品消费量总体上呈现波动增长，国内居民水产品消费量 2000 年为 1 766.8 万吨，2017 年增加到 6 503.3 万吨，年均增长率为 15.77%。从人均消费量来看，呈现较快增长趋势，居民人均水产品消费量 1985 年为 1.6 千克，2017 年则达到 46.76 千克，增长了 28 倍多，总体来说，随着经济社会的发展，水产品在丰富人民的“菜篮子”工程中扮演着越来越重要的作用。

4. 主要淡水养殖品种有哪些？

我国淡水养殖品种主要有：鳇鱼、鲟鱼（史氏鲟、匙吻鲟）、团头鲂、长春鳊、鲤、鲫、鲥、栉鰕虎鱼（幼鱼俗称春鱼）、泥鳅、黄鳝、太湖新银鱼、公鱼、大银鱼、鲑鱼（大马哈鱼）、草鱼、鲢、鳙、青鱼、鳜、鲇、黄颡鱼、乌鳢（黑鱼、才鱼）、南方大口鲇、长吻鮠、日本鳗鲡、河豚等，另外，还有虹鳟、罗非鱼、淡水白鲳、淡水鲨鱼、革胡子鲇、斑点叉尾鮰、大口黑鲈、巴西鲷等国外引进的品种。其中青鱼、草鱼、鲢、鳙被称为淡水“四大家鱼”。

5. 规模化水产养殖场主要有哪些风险？

（1）市场风险 由于市场一体化，加上交通越来越便利，活鱼运输技术的提升，外地水产品很容易对本地水产品价格形成冲击。

（2）资金风险 规模化养殖场的建设前期固定设施设备投入较多，流动资金需求大，规模化养殖产量高投入大，资金回笼压力更大。

（3）技术风险 “养鱼不瘟，富得发昏”。因此，疫病也会极大地影响渔业生产，预防缺氧、转水、倒藻等十分关键。

（4）自然风险 农业靠天吃饭，渔业也一样。旱涝灾害、地质灾害或极端天气，往往给渔业造成毁灭性的打击，因此需要做好风险防范。

（5）管理风险 规模化养殖场对经营者的管理水平、技术水平要求高，必须专业队伍。

（6）环保压力 规模化养殖场尾水排放量大、动物尸体处理要求严格，环保压力大。

第二节 可行性论证

6. 怎样选择养殖品种？

水产养殖品种的选择应充分考虑市场、水源、气候、技术、资金和养殖场基本条件等因素，综合以上因素选择适销对路，适应当地的气候、水源和养殖场条件的品种，并根据自身养殖技术水平、资金状况、水产品行情预测、卖鱼时间安排和养殖模式确定养殖品种，避免盲目追求名特优品种，保障养殖场的正常经营。

常见的淡水养殖水产品有草鱼、黄颡鱼、小龙虾、鳜、黄鳝、泥鳅、鲇、鲫、鲤和鲢等。

7. 怎样选择养殖方式？

水产养殖有粗养、精养和高密度精养等方式。我国淡水养殖方式主要有池塘养殖、大水面增养殖、工厂化养殖、流水养殖和稻田综合种养等。养殖方式的选择要根据养殖场所处的地形、地势、气候和水源条件，并综合自身资金、技术和管理水平，因地制宜确定合适的养殖方式。

当前最有前景的七种水产养殖方式包括：①池塘“一改五化”生态集成养殖模式；②池塘工程化循环水养殖模式；③稻渔综合种养模式；④物联网养殖模式；⑤池塘鱼菜共生综合种养模式；⑥休闲渔业模式；⑦集装箱循环水养殖模式。

8. 规模化水产养殖场的优势是什么?

规模化养殖场有利于实现标准化养殖和集约化管理。标准化养殖有利于根据市场区域性实现品种资源多样性，有利于标准化改善环境污染问题，有利于保障食品安全。集约化管理是现代企业集团提高效率与效益的基本取向，集约化的“集”就是指集中，集合人力、物力、财力、管理等生产要素，进行统一配置，集约化的“约”是指在集中、统一配置生产要素的过程中，以节俭、约束、高效为价值取向，从而达到降低成本、高效管理，进而使企业集中核心力量，获得可持续竞争的优势。

9. 养殖场选址应遵循什么原则?

新建养殖场应选择在政府渔业规划范围内，充分考虑当地的自然与气候条件，应选择光照通风好、水源充足、水质良好，电力供应稳定，交通运输便利，自然灾害风险小的地方新建养殖场。

10. 建设养殖场需要办理哪些手续?

首先，到当地土地管理部门核实计划用地是否符合当地土地利用总体规划，是否能用于开展养殖业。

其次，到当地农业主管部门咨询计划用地是否符合防疫条件，能否办理动物防疫条件合格证；另外，还需到当地工商、税务、技术监督部门办理营业执照、税务登记、组织机构代码等相关手续。

最后，养殖场建成后需到当地水产推广部门进行备案。另外养殖场如需开展特殊水生动物（濒危、保护物种等）养殖的还需到当地渔政及相关部门办理驯养繁殖许可证、生产经营许可证等相关证件。

11. 养殖场的生产范围和销售方式有哪些?

养殖场的主要生产范围包括苗种繁育、成鱼养殖等，销售方式主要有塘边批发销售、网店销售、垂钓或专供等。

12. 怎样测算水产养殖场的投入与效益?

水产养殖场的投入主要包括养殖场建设、设施设备购置等固定资产投入和土地租金、苗种、饲料、药物、养殖尾水处理、水电和人工等费用；养殖场的收入主要为销售水产动物及开展与渔业相关的餐饮、旅游观光、住宿等收入。以养殖面积为100亩*的重庆市梁平区某养殖场精养鲫鱼为例，计算其收入、支出和效益如下。

(1) 年投入（成本）

① 池塘租金：780元/亩，780元×100亩=78 000元=7.8万元。

② 鱼苗费：放养密度为1 000尾/亩，以1元/尾计，1元/尾×1 000尾/亩×100亩=100 000元=10.0万元。

③ 饲料费：投喂饲料1.5吨/亩，单价约为4 500元/吨，4 500元/吨×1.5吨/亩×100亩=67.5万元。

④ 水电费：以120元/亩计，120元/亩×100亩=1.2万元。

⑤ 人工费：以300元/亩计，300元/亩×100亩=3万元。

⑥ 药品费：以75元/亩计，75元/亩×100亩=0.75万元。

⑦ 设施折旧费：以300元/亩计，300元/亩×100亩=3万元。

以上合计，100亩养殖场年总成本：7.8+10.0+67.5+1.2+3.0+0.75+3.0=93.25万元。

(2) 年收入 以鲫鱼产量1 000千克/亩、单价13元/千克计，总收入=13元/千克×1 000千克/亩×100亩=1 300 000元=130万元。

(3) 经济效益分析

年总盈利（毛利）：年收入−年成本=130.0−93.25=36.75万元；

每亩池塘年盈利：36.75万元/100亩=3 675元。

---

* 亩为非法定计量单位，1公顷=15亩。——编者注

13. 养殖场对周边环境的影响有哪些?

水产养殖对周边环境影响主要表现在三个方面。一是由于施用不科学，饵料、渔药残留形成面源污染；二是养殖尾水排放不达标引起面源污染，会快速影响到周边的水体环境；三是水产养殖鱼类逃逸问题，而逃逸的鱼类在野生群体遗传基因组成、疾病传播等方面产生负面影响的可能性非常大。

14. 水产养殖容易受到的污染主要有哪些?

水产养殖环境污染由外源性污染和养殖自身污染构成。其中外源性污染主要由工业污染、农业面源污染和生活污染导致；而自身污染主要由养殖过程中的肥料、饲料、鱼药等投入品以及生物排泄物等引起。在高投入高产出的模式下，养殖密度超过水体承载量，残剩饵料和生物代谢产物累积，使得水体自净能力下降，水体富营养化显著，造成养殖水体污染甚至恶化。

养殖水体恶化分物理、化学两种。一是物理因素导致水体恶化：集约型养殖饵料集中投放，容易造成投饵过多、过剩致使淤泥累积，水体富营养化；投饵方法不当或饵料质量较差造成残饵过多而引起污染。二是化学因素导致水体恶化：药剂的滥用、不规范用药和使用违禁药等是药物污染的主要来源。化学药品的使用会造成病原体产生抗药性，药品的残留物污染水环境，同时还会杀害水中的有益微生物，造成水生生态的失调。

第三节 池塘建设

15. 什么是池塘养殖?

池塘养殖是指利用经过修整或开挖成一定面积静水水体进行水

生经济动物养殖的生产方式，是淡水养殖的主要方式。在长期的生产实践中，渔业养殖工作者总结出了一套切实可行的综合技术措施，即“八字养鱼经”：水、种、饵、混、密、轮、防、管。水质要“肥、活、嫩、爽”；鱼种种类齐全、数量充足、规格合适、体质健壮、无病无伤；饲料质量好、数量足、来源广、价格合理，并按照“定时、定量、定质、定位”的“四定”原则进行投喂；对不同生活习性和不同食性的鱼类实行混养，合理利用饵料和水体，发挥养殖鱼类之间的互利作用；合理的放养密度；轮捕轮放，捕大补小，或一次放足鱼种，捕大留小；鱼病的预防与治疗，坚持“预防为主，防重于治”的方针；注重投饲、水质、养殖过程等方面管理。

16. 池塘建设的主要参数有哪些？

池塘建设应综合考虑形状、面积、深度和塘底、池坎坡比等因素。主要参数包含：

（1）形状　最好为长方形，东西走向。这样的鱼塘遮阴少，水面光照时间长，有利于塘中浮游生物的光合作用和生产繁殖，也有利于拉网操作。

（2）面积和深度　精养鱼塘面积应根据地理条件灵活确定，宜大不宜小，水深2～3米为宜。

（3）塘底　鱼塘底部要平坦，塘底从进水口向排水口倾斜。

（4）池坎坡比　一般池塘的坡比为1∶（1.5～3），根据不同的建造材质选择适当的坡比。

17. 怎样设计池塘的形状、面积和深度？

池塘是养殖的基础，池塘设计的好坏在很大程度上决定了养殖的成败。池塘形状一般为长方形，长宽比一般为（2～4）∶1。池塘的方向宜东西为长、南北为宽，使池面充分接受阳光照射，对于水中天然饵料的生长有利，也有利于风力搅动水面，增加溶氧。山区建造养殖场，应根据地形选择背山向阳的位置。不同类型的池塘其面积不同，成鱼池根据地形条件宜大不宜小，鱼种池一般2～5亩，鱼苗池一般1～2亩。池塘有效水深一般应达到1.5米以上，深水池塘的池深一般在2.5～3.5米。池埂顶面一般要高出池中水面0.5米左右，池塘浅水区的水深应不低于0.8米，浅水池塘（池深在2米以下）要保证有充足的水源，及时补充给水，以维持池塘水深基本不变。水源季节性变化较大的地区，在设计建造池塘时应适当考虑加深池塘，以保证水源缺水时池塘有足够水量。

18. 怎样选择池塘建设底质土壤？

池塘的底质以壤土最好，沙质壤土和黏土次之，沙土最差。壤土底质优点是保水保肥，透水性和透气性适度，有机物分解较快，营养物质不易流失。黏质土通气透水性差，养分丰富，有机质分解缓慢，保肥保水性好，养分利用率低。

19. 怎样建造池塘底部？

在池塘底部设计一定的坡度和沟槽，是为了方便池塘排水和捕鱼需要。尤其是面积较大的池塘，池底应有一定的坡度和沟槽，池塘底部的坡度一般为1∶(200～500)。面积较大且长宽比偏小的池塘底部，应建设主沟和支沟组成的排水沟，主沟的最小纵向坡度为1∶1 000，支沟的最小纵向坡度为1∶200。主沟宽一般为0.5～1.0米，深0.3～0.8米，相邻的支沟相距为10～50米。为了改善池底环境并有利于鱼类活动、水体交换和捕捞等，在面积较大的池塘底部常常建设有台地和沟槽。台地和沟槽应平整，台面应倾斜于沟，坡降为1∶(1 000～2 000)，沟、台面积比一般为1∶(4～5)，沟深一般为0.2～0.5米。

20. 怎样铺设池塘进、排水设施？

池塘的进排水系统是养殖场的重要组成部分，进排水设施规划建设的好坏直接影响到养殖场的使用效果和生产成本。池塘进水一般采用预埋进水管，通过阀门控制水流。池塘进水管底部应高于池塘水面，与排水口相对而设。进水管末端应安装口袋网，防止野杂鱼和杂物进入池塘。每个池塘一般设有一个排水井。排水井可采用拔管、闸板或闸门方式进行控制，拔管排水方式易操作，防渗漏效果好。排水井一般为水泥砖砌结构，有拦网、闸板等的凹槽。池塘排水通过排水井和排水管进入排水渠。排水井的深度须低于池塘的底部的最低处，以便排干塘水。

21. 新建池塘对养殖水源有什么要求？

养殖水源一般分为地表水源和地下水源，无论是采用哪种水源，在建设水产养殖场时都应选择在水源水量丰足、水质良好的地区建场。水产养殖场的规模和养殖品种也要结合水源情况来决定。采用河水或水库水作为养殖水源时，要设置防止野生鱼类进入的设施，还要考虑周边水环境污染可能带来的影响。使用地下水作为水源时，要考虑地下水源的供水量是否满足养殖需求，供水量的大小一般为10天以内能够把池塘注满为宜。选择养殖水源时，还应考虑工程施工等方面的问题，利用河流作为水源时需要考虑是否筑坝拦水，利用山溪水流时要考虑是否建造沉砂排淤等设施。取水口应建在养殖场上游，排水口建在下游，防止养殖场排放水流入进水口。

养殖用水的水质必须符合《渔业水质标准》（GB 11607—1989）规定。对于部分指标或阶段性指标不符合规定的养殖水源，应考虑建设水源处理设施，并预算相应设施设备的建设和运行成本。

22. 为什么要对池塘养殖尾水进行处理？

养殖过程中产生的有机物，主要通过养殖尾水排放到外界环境中，江河水域的营养物质负载不断增大，当超出环境水域的生态自净能力，会使养殖水源水质严重下降。为促进水产养殖的可持续发展，保护良好的生态环境，有必要对养殖排放水进行处理循环使用或达标排放，既能充分发挥养殖潜能，又有利于水产养殖与良好生态环境的和谐共存，提升养殖区的环境自净功能。养殖水排放标准应符合《淡水池塘养殖水排放要求》(SC/T 9101—2007)。

23. 怎样处理池塘养殖尾水?

目前，养殖尾水的处理一般采用生态化处理方式，也有采用生物、物理和化学等方式进行综合处理的案例。

(1) 生态沟渠法 利用养殖场的进、排水渠道构建的一种生态净化系统，由多种动植物组成，既有生产功能，又有净化水体的功能（图1-1)。

图1-1 生态沟渠

(2) 人工沼泽湿地法 类似自然沼泽湿地，人为地将石、沙、土壤、煤渣等的一种或几种介质按一定比例构成基质，有选择性地种植植物的一种水处理生态系统（图1-2)。

(3) 生态净化塘法 类似于生态沟渠的池塘（图1-3)。

(4) 沉淀物理分离法 在池塘微循环流水槽尾部建立废弃物沉

图 1-2　人工沼泽湿地

图 1-3　生态净化塘

淀收集池，通过吸污装置将废弃物收集到分级沉淀池中单独处理，将净化后的水重新返回养鱼池，实现养殖用水零排放。

24. 池塘养殖水体的生物净化措施有哪些？

池塘水体净化是利用池塘的自然条件和辅助设施构建的，以达到对池塘养殖水体进行净化的目的，主要利用生物浮床、生态坡、水层交换设备、藻类调控等生物净化措施来完成。

(1) 生物浮床净化 利用水生植物或改良的陆生植物，以浮床作为载体，种植在池塘水面上，通过植物根系的吸收、吸附作用和物种竞争相克机理，降低水体中氮、磷的含量，并为多种生物生息繁衍提供条件，重建并恢复水生态系统，从而改善水环境。

(2) 生态坡 利用池塘边坡和堤埂修建的水质净化设施。一般是利用砂石、绿化砖、植被网等固着物铺设在池塘边坡上，并在上面栽种植物，利用水泵和布水管线将池塘底部的水提升并均匀地撒到生态坡上，由生态坡的渗滤作用和植物吸收截流作用去除养殖水体中的氮磷等营养物质，达到净化水体的目的。

25. 怎样建设与池塘配套的人工湿地?

人工湿地（图 1－4）一般建在池塘边上，也可通过沟渠连通建在其他方便之处。因为要形成流水和发挥湿地的作用，一般湿地与池塘间应有 50～80 厘米的落差，人工湿地应高于池塘。

图 1－4 人工湿地

人工湿地的厚度为 80 厘米左右，面积至少为池塘面积的

10%～15%，面积越大效果越好。湿地上铺上一层厚 50～80 厘米、大小如拇指甲的碎石或卵石。

在人工湿地上种植蒲草、菖蒲、美人蕉等植物。水泵抽取池水，通过管道系统导入湿地，再接上多根具有纵向排列并具一排纵列小孔的支管。通水后即可喷水，水中微小物质和化学成分通过碎石层过滤，植物根系及细菌吸收转化之后，集中回流到集水沟内，最后进入池塘。

为了提高湿地生产力，还可种植耐水性的经济作物（如水蕹菜、水芹和慈姑等）。

26. 怎样设计“四大家鱼”孵化环道？

“四大家鱼”是指最为中国人所熟悉的四种食用鱼类，分别是青鱼、草鱼、鲢、鳙。孵化环道有单环、双环和三环等，形状有椭圆形、方形和圆形，以椭圆形居多。方形环道实际上是两个椭圆形单环并列组合，适当调整而成；椭圆形环道是圆形环道纵向等分后各轮廓线延长而成（图 1－5）。

图 1－5　孵化环道

孵化环道为钢筋混凝土、砖混结构。分环道主体，过滤窗，进、排水系统和喷头四部分。环底呈“U”字形，底面有一出苗口管，上加平盖控制，下有管道通向集苗池。环面紧靠水面外壁有一进卵口管，通过口管与分卵池相连，用于输送鱼卵。环道主体内壁要求光滑，环道过滤窗位于环道主体直线部位。

进水系统全部处于环道底基础内，排水系统处在基础内和墙内。进水系统喷管喷头呈鸭嘴状，用白铁皮加工而成，喷头位于各环底面中线上，通过喷管与进水支管连通。

27. 稻田养鱼需进行哪些基础设施的改造？

（1）田埂改造 养鱼稻田田埂需加高至1米左右，田埂顶面宽60～80厘米。

（2）开挖鱼凼 在田边修建固定设施鱼凼，采用砖石浆砌，水泥砂浆抹面，确保不漏水、不渗水。鱼凼深1.2～1.5米，由鱼凼向田中开挖鱼沟，鱼沟宽40～60厘米，深30～50厘米，鱼凼、鱼沟面积总体控制在养鱼稻田的10%以内，为45～55米^2/亩。鱼凼与鱼沟相通，确保鱼能在整块田中自由活动和摄食。在田角开挖进、排水口，设置拦鱼栅，拦鱼栅要高于田埂，起防逃和防止敌害生物进入稻田的作用。

28. 怎样进行老旧鱼池改造？

年久失修的老旧池塘，由于养鱼密度过大，饵料投入不当，饲养管理不善等原因，加之池塘过浅、淤泥长期堆积、池坎垮塌，严重影响养殖水质，阻碍产量提高，因此必须对这些池塘进行加高、加固、清淤等改造。老旧池塘一般有以下几个方面的改造：

（1）小改大 将原来的小塘，通过拆埂并塘，扩大成4～6亩的鱼池，大的可达8～10亩。

（2）浅改深 将原来浅的池塘挖深，达到池深3～4米，水深2.5米。

（3）进排水系统改造 建设独立的进排水系统和底排污系统。低埂改高埂，池埂加高加宽，做到大水不淹，防止逃鱼，且有利于操作和运输。

（4）生态化技术改造　包括池塘底清淤，建设生态沟渠等。

第四节　养殖设施

29. 水产养殖场必备的房屋和设施设备有哪些?

水产养殖场主要房屋包括管理用房和仓库。常用设施设备有水体调控设备、投饲设备、排灌设备、底泥改良设备、水质监测调控设备、起捕设备、动力运输设备、备用发电机，以及分析检测、物联网智能管理系统等。其中：

池塘养殖水体调控主要用增氧机、水力搅拌机、射流泵等进行水层交换。利用这些设备的机械搅拌、水流交换等作用，打破池塘光合作用形成的水分层现象，充分利用白天池塘上层水体光合作用产生的氧，来弥补底层水的耗氧需求，实现池塘水体的溶氧平衡。

养殖场智能系统包括增氧机、投饲机等渔业机械设备，水体温度、pH、溶解氧、盐度、浊度、氨氮、生化需氧量（BOD）和化学需氧量（COD）等养殖水域环境监测系统，无线传输系统，水口电磁阀、增氧泵等智能化控制系统，远程数据实时查看，各类预警软件平台等。

除此之外，不同的饲养模式还需要特殊的设施设备。如鱼菜共生综合种养模式需要铺设合适的浮床，凡是能浮在水面的、无毒的材料都可以用来制作浮床，根据经济、取材方便的原则选择合适浮床。池塘内循环微流水养鱼模式需要建设流水养鱼池、废弃物沉淀收集池，安装拦鱼栅、增氧推水设备、底层增氧设备和吸污装置等。

30. 鱼菜共生常见的浮床类型有哪些?

浮床最大的优点就是直接利用水体水面面积，种植不另外占地。

(1) 以款式和形状分类 根据蔬菜是否与水体直接接触可将水生蔬菜浮床分为干式和湿式两种，湿式浮床根据有无固定框架分为有框和无框浮床，常见的是有框浮床。浮床的外观形状有正方形、三角形、长方形、圆形等多种，考虑到制作、搬运、操作时的方便性，一般边长为2～3米。

(2) 以材质分类 根据浮床材质的不同，常见的有PVC管浮床和竹子浮床两种。

① PVC管浮床：通过PVC管（50～90管）制作浮床，上下两层各有疏、密两种聚乙烯网片分别隔断草食性类鱼和控制茎叶生长方向。长短和管径大小依据浮床的大小而定，用PVC管弯头和黏胶将其首尾相连，形成密闭的、具有一定浮力的框架（图1-6）。此种制作方法成功解决了草食性、杂食性鱼类与植物共生的问题，适合于任何养鱼池塘。

图1-6 PVC管浮床

② 竹子浮床：选用直径在5厘米以上的竹子，长短和管径大小依据浮床的大小而定，将竹管两端锯成槽状，相互上下卡在一起，首尾相连，用聚乙烯绳或其他不易锈蚀材料的绳索固定（图1-7）。具体形状可根据池塘条件、材料大小、操作方便灵活而定。

图 1-7 竹子浮床

31. 怎样建造池塘内循环微流水养殖槽?

考虑到设备安装和生产操作方便等因素，建设池塘内循环微流水养殖槽一般应建在面积 30 亩以上大池塘内，流水养鱼池通常布置在池塘长边一端。建造流水养鱼池的材料应根据当地的资源，因地制宜。主要材料包括有钢筋混凝土、砖石、玻璃钢及软体材料（如塑胶布）等。流水养殖槽（图 1-8）形状为长方形，长 22 米，

图 1-8 池塘内循环微流水养殖槽

宽5米，水深1.5～1.8米。流水养鱼池与大池塘的面积比例一般控制在1.5%～2.0%范围内，但应根据养殖的不同品种和单产进行相应的调整。流水养殖槽的拦鱼设施一般是用片状铅丝网、不锈钢网或喷塑铁丝网绷夹在滤网框上，安装在流水槽上下游的插槽内，网片孔目的大小应根据养殖鱼类的品种和规格而定。

32. 池塘内循环微流水养殖系统吸污装置建设有什么要求?

吸污装置由自吸泵和废弃物收集沉降分离塔组成。鱼类排泄物及残饵可以通过人工、半自动和全自动方法吸污。目前，国内已有单轨和双轨自动吸污装置。从沉降塔底部收集的固体废弃物可作为花卉、蔬菜、水果等植物的有机肥。另外，废弃物收集沉降分离塔中的上清水通过溢水口进入人工湿地后抽回池塘循环使用或排放。

自吸泵的功率要符合微流水的特征，不能为了加快水流速率就选择大功率水泵，这样会造成水资源的流失和浪费，对养鱼户来说得不偿失；如果采用的水泵功率过小，就无法将废水及时排出，池塘环境也会遭到破坏，甚至会造成鱼类的死亡率上升，因此选择合适的水泵至关重要。除此之外应尽量使用柴油、电机双配套的水泵，以保证在任何条件下水泵都可以正常工作，不会受到停电、跳闸等突发情况的影响。

33. 内循环微流水养殖系统的推水增氧设备有什么特点?

池塘内循环微流水养殖系统的推水增氧设备是微孔气提式增氧推水系统，该系统是池塘内循环微流水养殖的关键设备，被称为是池塘内循环微流水养鱼系统的“心脏”。在微孔气提式增氧系统中，曝气管和鼓风机是最核心的配件，两者在功能上也是相互制约和促进的。高效、耐用、高压的鼓风机可以克服曝气管的通气阻力把空气源源不断地输入养殖池中；低压、多孔、不堵塞的曝气管也可以保证鼓风机在工作过程中不过载、安全持续的运行。反之，鼓风机压力不够、不耐用或曝气管在使用过程中堵塞都会导致曝气系统不能正常运行，直接威胁养殖鱼类的生命安全，尤其在高密度集约化养殖系统中要特别注意这两种核心配件的选择。

34. 常用增氧机有哪些类型?

增氧机是一种常被应用于渔业的机器。它的主要作用是增加水中的氧气含量以确保水中的鱼类不会缺氧，同时也能抑制水中厌氧菌的生长，防止池水变质威胁鱼类生存环境。增氧机一般是靠其自带的空气泵将空气打入水中，以此来实现增加水中氧气含量的目的。

(1) 叶轮式增氧机 通过电动机带动水面叶轮旋转来搅动水面、搅拌气膜和液膜，增加气、液的接触面积，以扩大氧在水中的浓度梯度，提升空气中的氧向水中转移扩散的速度，具有增氧、搅水、曝气等综合作用。一般用于水深1米以上的大面积池塘养殖使用。

(2) 水车式增氧机 通过叶片推动池塘水体流动，适用于较浅池塘。

(3) 射流式增氧机 增氧动力效率超过水车式、充气式、喷水式等形式的增氧机，结构简单，能形成水流，搅拌水体，使水体平缓地增氧，不损伤鱼体。适合鱼苗池增氧使用。

(4) 喷水式增氧机 具有良好的增氧功能，可在短时间内迅速提高表层水体的溶氧量，同时还有艺术观赏效果。适用于园林或旅游区养鱼池使用。

(5) 充气式增氧机 水越深效果越好。适合于深水水体中使用。

(6) 吸入式增氧机 通过负压吸气把空气送入水中，并与水形成涡流混合把水向前推进，因而混合力强。对下层水的增氧能力比叶轮式增氧机强，对上层水的增氧能力稍逊于叶轮式增氧机。

(7) 涡流式增氧机 主要用于北方冰下水体增氧，增氧效率高。

(8) 增氧泵 因其轻便、易操作及单一的增氧功能，适合水深在0.7米以下，面积在0.6亩以下的鱼苗培育池或温室养殖池中使用。

随着渔业需求的不断细化和增氧机技术的不断提高，出现了许多新型的增氧机，诸如：涌喷式增氧机、喷雾式增氧机等。由于工作原理的不同，不同增氧机在使用中的效果也各有不同，其中微孔增氧的效率最高。叶轮式增氧机提水搅水的功能显著，但耗能最高；涌浪机相对叶轮式增氧机能够有效省电，同时具有强大的造浪能力，促进上下层水体交换效果显著。

35. 叶轮式增氧机优缺点有哪些?

叶轮式增氧机（图1-9）主要由电动机、减速箱、水面叶轮及浮球组成，叶轮式增氧机技术含量高，具有优于其他类型增氧机的物理、生物学效应，其增氧能力、动力效率均优于其他机型，是目前采用最多的增氧机，年产约15万台。

图1-9 叶轮式增氧机

(1) 优点

① 叶轮式增氧机除增氧外，还有搅水、曝气的功能，促进浮

游植物的生长繁殖，提高池塘初级生产力。

② 机械构造较为简单，在使用过程中很少发生机械故障，维护较为方便。

③ 在使用过程中，可形成中上层水流，使中上层水体溶氧均匀，适用于池塘高产养殖。

(2) 缺点

① 叶轮式增氧机一般都必须固定在池塘的一个点上，变换位置较为麻烦，且增氧区域只限于一定范围内，对于较大池塘时对底层水体的增氧效果较差。

② 增氧机的浮筒常年暴露在空气中，经过日光的暴晒，容易被腐蚀损坏，需要经常更换。

③ 属于单点增氧，且机械运行噪声较大，容易影响水产动物的生长和碰伤水产动物。

④ 叶轮增氧机容易将鱼塘的底泥抽吸上来，不适宜在水位较浅的池塘使用。

⑤ 增氧时，多数鱼类围绕增氧机聚集，容易形成“鱼墙”导致其他鱼类无法进来，增氧面积受限。

36. 怎样配置微孔增氧机？

微孔增氧技术是采用罗茨鼓风机将空气压入输气管道，送入微孔管，以微气泡形式分散到水中，微气泡由底向上升浮，促使氧气充分溶入水中，还可造成水流的旋转和上下流动，使池塘上层富含氧气的水带入底层，实现池水的均匀增氧（图 1－10）。微孔增氧能促进水流的旋转和上下流动，将底部有害气体带出水面，改善了池塘的水质条件，减少病害的发生；微孔增氧还具有节能、低噪、安全等优点。

微孔增氧机应均匀安装在池塘底部，便于池塘整体增氧。根据池塘产量、水深、养殖品种适当调整增氧机功率配置，一般产量高、水深、养殖品种耐低氧程度者（如鲢、鳙、草鱼等）低应调高

图 1-10　池塘微孔增氧

增氧功率配置；反之，如鲤、鲫鱼、青鱼等，应调低增氧功率配置。如水深 2 米左右，养殖产量在 1 000 千克池塘，按照 0.15～0.2 千瓦/亩配置为宜。

37. 微孔增氧机优缺点有哪些？

（1）优点

① 高效增氧，微孔曝气产生的微小气泡在水体中与水的接触面积大，上浮流速低，接触时间长，氧的传质效率极高。

② 增氧成本低，采用微孔增氧装置，能使水体溶氧迅速增高，其能耗不到传统增氧装置的四分之一，可大大节约电（柴油）费的成本支出。

③ 活化水体，使表层水体和底层水体同时均匀增氧。

④ 安全性、环保性能高，微孔曝气增氧装置安装在陆地或养殖渔排上，安全性能好，不会给水体带来任何污染。

（2）缺点及解决办法

① 微孔管容易破裂，发现后要及时更换。

② 藻类附着过多而堵塞微孔，晒一天后轻拍，抖落附着物，

或采用20%的洗衣粉浸泡一个小时后清洗干净，晒干再用。

③ 罗茨鼓风机定期润滑保养，梅雨季节要防锈，高温季节要防曝晒，可搭凉棚。

④ 接口容易松动，发现后应及时固定。

38. 涌浪机有哪些优缺点?

涌浪机是池塘养殖中常用的增氧机械，通过搅水涌浪（图1-11），达到消除表层和底层溶氧差的目的。而在表层溶氧充足的条件下，利用涌浪机搅动水体，可以节约电力成本。

图1-11　涌浪机

(1) 优点

① 性能稳定，故障率低。

② 省电节能，从理论上计算，与传统的叶轮式增氧机相比，每年每亩可节省电费100～150元，节省比例65.63%。

③ 造浪功能强大，大大加速了池塘水体物质交换和能量流动，加速光合作用，提高水体初级生产力。从生产实践上看，在开机时间相同的条件下，增氧、曝气、造浪、搅水的效果比传统叶轮式增氧机效果好，使用涌浪机的池塘，鱼类活动较为激烈，池鱼摄食量较大，抢食较为强烈。

④ 与叶轮式和水车式等有一定提水造浪功能的增氧机相比，其转速小，对池塘中鱼造成的伤害小。

(2) 缺点 涌浪机在阴雨天和夜间增氧效果较差，因此在实际应用中需与其他增氧方式相结合使用，才会取得较好的效果。

39. 投饲机优点有哪些?

投饲机在结构上一般均由料斗、下料装置、抛撒装置、控制器等部分组成，按适用范围不同，分为小水体专用型、网箱专用型和普通池塘使用型3种。使用投饲机有以下优点：

(1) 省时省力

(2) 提高养殖产量 由于投饲机投料面积大、投喂分布均匀，投喂过程中能够照顾到大多鱼群，避免了“交通拥挤”情况的发生，使得养殖鱼规格均匀整齐、小规格鱼比例降低，从而提高了整体产量。

(3) 减少饲料对水质的污染 从投饲机发射出来的饲料能够被养殖鱼及时吃掉，不至于沉底或飘边，减少了饲料的浪费和对水质的污染。

(4) 节约饲料 据某品牌饲料厂家的对比实验数据显示，使用投饲机可以节约饲料7%～8%。

第二章 水产养殖品种

第一节 品种选育

40. 池塘养殖常见品种有哪些?

(1) 鱼类 我国淡水鱼类约800多种，约有250种有经济价值。其中产量高并具有重要经济价值的种类有40多种，主要有：草鱼、鲢、鳙、青鱼、鳜、鲇、黄颡鱼、乌鳢、南方大口鲇、长吻鮠、团头鲂、长春鳊、鲤、鲫、鳇、鲟、鲥、鲴鯱鱼、泥鳅、黄鳝、河豚等。另外还有虹鳟鱼、罗非鱼、匙吻鲟、淡水白鲳、淡水鲨鱼、革胡子鲇、斑点叉尾鮰、大口黑鲈、巴西鲷鱼等国外引进的品种。

其中青鱼、草鱼、鲢、鳙被称为“四大家鱼”。在中国的淡水养殖品种结构中，四大家鱼一直占据主要位置，是经过一千多年人工选育成的优良水产品种。四大家鱼广泛分布在中国各大水系，养殖和天然都大量保有，其产量约为淡水鱼类总产量的80%，长江产区最高时鱼苗产量达300多亿尾。

(2) 甲壳类和贝类 主要有日本沼虾、罗氏沼虾、南美白对虾、克氏原螯虾（小龙虾）、红螯螯虾、中华绒螯蟹（河蟹、大闸蟹）和田螺、河蚌等。

(3) 其他品种 主要有观赏鱼类的金鱼、锦鲤，以及中华鳖、乌龟、巴西龟、鳄龟、大鲵（娃娃鱼）、蛙、宽体金钱蛭等。

41. 为什么要进行品种选育?

较之鱼类原种，经科学育种培育出的优良品种一般都具有某种或几种优良特性，如生长较快、抗病能力强、易管理等，投入少、产出多，具有更高的经济价值。培育优良品种的过程就是应用各种遗传学方法，改造生物的遗传结构，以培育出适应当地生态环境和生产条件的遗传稳定、生长快、成活率高、抗逆性优良的新品种。不管是鱼类、虾类还是贝类的养殖，良种的选择和培育都是增产的有效途径。一般认为，在其他条件不变的情况下，使用优良的品种可增产20%～30%。养殖优良品种不仅能减少投入，而且能获得更高的经济效益，保证水产养殖业的持续发展，所以优良品种是渔民养殖的首选。

42. 我国水产新品种选育有哪些突破?

我国水产育种围绕培育高产、优质、抗逆能力强的经济水生生物优良品种这一核心目标，从群体水平、个体水平、细胞水平再到分子水平，现代技术加快了水产遗传育种的进度，一大批如建鲤、异育银鲫“中科5号”、全雄黄颡鱼、“华海1号”团头鲂等优良新品种培育成功。截至2016年，农业部公告的水产新品种有156个，除了30个引进种外，自主培育的水产新品种有126个，其中选育种76个，占49%；杂交种45个，占29%；其他类5个占3%。除草鱼外，重要的养殖种类基本实现新品种的突破。鱼类87个，占56%；虾类14个，占9%；蟹类5个，占3%；贝类21个，占13.5%；藻类21个，占13.5%；其他种类8个，占5%。主要表现出以下特点：

(1) 年均育成数量逐渐增多 2000年以前累计完成40个，2001—2010年完成60个，2011—2014年完成56个；近年来贝类与藻类品种数量增加明显，42个贝类和藻类新品种中，25个是近4年完成的。

(2) 部分品种优势明显 鲤鱼、鲫鱼和罗非鱼新品种较多。系列品种不断推出，如吉富罗非鱼—新吉富罗非鱼—吉丽罗非鱼，建鲤—津新鲤—津新鲤2号，“中科红”海湾扇贝—海湾扇贝“中科2号”等。

(3) 企业参与研发积极性高 研发主体由以科研院所与大专院校为主，发展到科研院所、水产类大专院校、水产推广机构、水产类企业等共同参与，养殖企业研发力度增强。

43. 培育新品种的方法和目标是什么？

我国水产育种研发技术主要包括选择育种技术、杂交育种技术、细胞工程育种技术和分子育种技术。运用常规育种（选择育种、杂交育种）和生物工程育种（细胞工程、基因工程和分子辅助育种技术等）相结合的综合育种技术，通过定向选择生长速度快、抗病力强的特性，开发和培育形成具有共同遗传特点的优良水产养殖品种。

水产新品种选择目标：重点选择生长速率和抗病性，其次还对性成熟、肉质、食物转化率、繁殖力、回捕率、起捕率等指标进行选育。

44. 杂交对改良种质的作用是什么？

基因型不同的动物体之间相互交配的过程称为杂交。杂交的主要目的是获得杂种优势，培育杂交新品种。杂交育种是充分利用种群间的互补效应，尤其是杂交优势。所谓杂交优势，是指不同种群杂交所产生的杂种，其生活力、生长势和生产性能在一定程度上优于两个亲本种群平均值。在水产养殖中，杂交育种有两种方式：种内杂交和种间杂交。种内杂交研究的主要目标性状为生长速度和抗逆性，目标为培育出高产且抗逆性强的新品种。种间杂交可以用来提高生长速度、调节性别比例、培育不育群体、改善肉质、增强抗病力、增强对极端环境的适应能力、改善重要经济性状等。

45. 什么叫雌核发育？

雌核发育俗称假受精，是指用核失活精子（用紫外线、X射线破坏精子的细胞核）刺激鱼卵子，并诱导卵核发育成个体，即精子虽能正常地钻入和激活卵细胞，但精子的细胞核并未参与卵细胞的发育。使精子产生这种变化的诱变剂，可以是某些自然因子，也可以是某些实验因子。从遗传学角度看，雌核发育相似于单性生殖。从克隆的角度来看，雌核发育是一种无性克隆技术。

46. 为什么要开展全雄或全雌品种鱼类的选育？

许多鱼类雌雄鱼之间的经济性状存在显著性差异，如生长率和个体大小等，根据需要，通过控制性别的方法专门生产全雌、全雄或不育苗种进行单性养殖，或者培育出性腺不发育的中性鱼以消除性成熟带来的不利影响，可以提高经济效益。

第二节 淡水养殖常见新品种

47. 人工选育的大宗淡水鱼优良品种有哪些？

目前，经过人工选育的大宗淡水鱼优良品种有数十种之多。在生产上广泛推广应用的，经全国水产原种和良种审定委员会审定的品种主要有长丰鲢、长丰鲫、福瑞鲤、津新鲤、松浦镜鲤、豫选黄河鲤鱼、乌克兰鳞鲤、松荷鲤、异育银鲫、彭泽鲫、湘云鲫和团头鲂浦江1号等品种。

我国冷水鱼的主要养殖品种有虹鳟、金鳟、银鲑、大西洋鲑、日光白点鲑、细鳞鲑、高白鲑和鲟鱼的一些种类。

48. 松浦镜鲤有什么特点?

松浦镜鲤是中国水产科学研究院黑龙江水产科学研究所利用德国镜鲤第四代选育系（F4）与散鳞镜鲤杂交而成功选育得到的一个镜鲤新品种，2009 年通过全国水产原种和良种审定委员会的审定。松浦镜鲤与常规养殖的鲤鱼品种相比，具有体型完好、含肉率高、生长速度快、成活率高、适应性强、抗病力强、易垂钓或捕起、人工驯化程度高、养殖经济效益高等诸多优点，适宜在全国各地人工可控的淡水中养殖。

该品种头小背高，可食部分比例大，鳞片少；与德国镜鲤 F4 相比，生长速度快 30%以上，1、2 龄鱼平均越冬成活率提高 8.86%和 3.36%，3、4 龄鱼平均相对怀卵量提高 56.17%和 88.17%。

49. 松荷鲤有什么特点?

松荷鲤是采用常规育种和雌核发育技术相结合的育种方法，育成的一个抗寒力强、生长快和遗传稳定的鲤鱼新品种。其冰下自然越冬存活率在 95%以上，生长速度比黑龙江鲤快 91%以上。目前，已在黑龙江及其他北方地区广泛推广养殖。

50. “中科 3 号”异育银鲫有什么特点?

异育银鲫是用方正银鲫作母本、兴国红鲤作父本，人工杂交而成的异精雌核发育子代。异育银鲫与亲本相比具有杂交优势，制种简便而子代不发生分离。食性杂，生命力强，生长快，肉质细嫩且营养丰富，其生长速度比鲫快 1～2 倍以上，比其母本方正银鲫快 34.7%。当年繁殖的苗种养到年底，一般可长到 0.25 千克以上。目前，推广的异育银鲫新品种为“中科 3 号”。

51. 长丰鲫有什么特点?

长丰鲫以异育银鲫 D 系为母本，以鲤鲫移核鱼（兴国红鲤系）

为父本，进行雌核发育的后代中挑选的四倍体，经6代异源雌核发育获得。长丰鲫具有生长快速、肉质细腻、有益氨基酸含量高，且鲜味与彭泽鲫无显著区别的特点。与普通银鲫相比，1龄鱼和2龄鱼生长速度分别提高25%以上和16%以上。

52. 彭泽鲫有什么特点?

彭泽鲫是我国第一个直接从野生鲫鱼中人工选育出的养殖新品种。彭泽鲫原产于江西省彭泽县丁家湖、芳湖和太泊湖等自然水域。彭泽鲫经过十几年人工定向选育后，遗传性状稳定，具有繁殖技术和苗种培育方法简易、生长快、个体大、营养价值高和抗逆性强等优良特性。经选育后的F6，比选育前生长速度快56%，1龄鱼平均体重可达200克左右。

53. 湘云鲫有什么特点?

湘云鲫是应用细胞工程技术和有性杂交相结合的技术培育成功的一种三倍体鲫鱼，它的父本是鲫、鲤杂交四倍体鱼，母本为日本白鲫。湘云鲫体形美观，具有自身不育、生长速度快、食性广、抗病能力强、耐低氧低温和易起捕等优良性状，且肉质细嫩，肉味鲜美，肌间细刺少。含肉率高出普通鲫鱼10%～15%，生长比普通鲫鱼快3～4倍。

54. 团头鲂“浦江1号”有什么特点?

团头鲂“浦江1号”是以湖北省淤泥湖的团头鲂原种为奠基群体，采用传统的群体选育方法，经过十几年的选育所获得的第六代新品种鱼。团头鲂“浦江1号”遗传性稳定，具有个体大、生长快和适应性广等优良性状。生长速度比淤泥湖原种提高20%。在我国东北佳木斯、齐齐哈尔等地区，翌年都能长到500克以上，比原来养殖的团头鲂品种在同样的条件下增加体重200克。

55. 长丰鲢有什么特点?

长丰鲢是中国水产科学研究院长江水产研究所采用人工雌核发育、分子标记辅助和群体选育相结合的综合育种技术培育出的四大家鱼中第一个新品种。相比其他鲢品种，长丰鲢具有生长速度快、体型高且整齐、遗传性状稳定、产量高（平均每亩增产 16.4%以上）、脊间刺少、烹饪容易等特点。2 龄鱼体重增长平均比普通鲢快 13.3%～17.9%，3 龄鱼体重增长平均比普通鲢快 20.5%。

56. 加州鲈“优鲈 1 号”有什么特点?

加州鲈“优鲈 1 号”是以国内 4 个养殖群体为基础选育种群，采用传统的选育技术与分子生物学技术相结合的育种方法，以生长速度为主要指标，经连续 5 代选育获得的大口黑鲈选育品种，也是世界上第一个加州鲈选育新品种。加州鲈“优鲈 1 号”的生长速度比普通加州鲈快 17.8%～25.3%，高背短尾的畸形率由 5.2%降低到 1.1%。

57. 白金丰产鲫有什么特点?

白金丰产鲫是以彭泽鲫为母本，以野生尖鳍鲤为父本，通过异精雌核发育技术得到的子一代。个体均匀度高，体型好，生长速度更快，适宜在全国各地人工可控的淡水水体中养殖。雌性比例达 98%以上，生长速度比普通鲫鱼快 20%以上。

58. 中华绒螯蟹“江海 21”有什么特点?

中华绒螯蟹“江海 21”是从国家级江苏高淳长江水系中华绒螯蟹原种场和国家级安徽永言河蟹原种场收集的中华绒螯蟹保种群体，在奇数年和偶数年分别构建基础群体，以生长速度、步足长和额齿尖为选育指标，采用群体选育技术，经连续 4 代选育出的 A 选育系（步足长）为母本、B 选育系（额齿尖）为父本，杂交获得的F1代，即为中华绒螯蟹“江海21”。外额齿尖，内额齿间缺刻呈“V”字形，90%以上个体第二步足长节末端达到或超过第一侧齿。在相同养殖条件下，与普通中华绒螯蟹相比，16月龄蟹生长速度提高17.0%以上。

59. 易捕鲤有什么特点?

易捕鲤以从云南省晋宁水库采捕的大头鲤、嫩江中下游捕获的黑龙江鲤和前苏联引进的散鳞镜鲤复合杂交［(大头鲤♀×散鳞镜鲤♂)♀×(黑龙江鲤♀×散鳞镜鲤♂)♂］后代♀与大头鲤♂回交获得的子一代群体作为基础群体，选育起捕率高的亲鱼，经连续3代群体选育后，又结合现代生物技术手段强化培育3代后获得。此种鲤鱼适宜于全国各地人工可控的温水性淡水水体中增养殖。

该品种性状优良，具有起捕率高的优点。在相同池塘养殖条件下，1龄鱼起捕率达到93%以上，比黑龙江鲤和松浦镜鲤分别提高113.4%和38.7%；2龄鱼起捕率达到96%以上，比黑龙江鲤、松浦镜鲤、松荷鲤分别提高96.7%、56.0%、71.3%；生长速度和成活率与松荷鲤相近。

60. 翘嘴鳜“华康1号”有什么特点?

翘嘴鳜“华康1号”是以江西鄱阳湖、湖南洞庭湖和湖北长江中游挑选体型标准、健康无病、体重大于0.75千克的野生翘嘴鳜1 800尾（雌雄各半）构建的基础群体，经过5个连续世代选育而成。该品种生长速度快，个体间差异小，中试结果表明翘嘴鳜“华康1号”在同等养殖条件下相比普通养殖翘嘴鳜生长速度提高了18%以上。

61. 乌斑杂交鳢有什么特点?

乌斑杂交鳢是以经2代群体选育的乌鳢为母本，以经4代群体选育的斑鳢为父本，通过差异化亲鱼培育促进亲本性腺发育同步化和一对一配对，杂交获得的 F1。乌斑杂交鳢的生长速度较乌鳢（投喂冰鲜鱼）高 24.7%，较斑鳢高 70% 以上，较斑乌杂交鳢（斑鳢♀×乌鳢♂）高 20.1%，耐低温能力优于斑鳢和斑乌鳢。与乌鳢相当，能在北方地区冰封池塘中自然越冬，全程摄食人工配合饲料，抗病力强，生产中养殖成活率明显高于其他品种。

62. 罗氏沼虾有什么特点?

罗氏沼虾又名马来西亚大虾、淡水长臂大虾，是一种大型淡水虾，原产于东南亚。它具有生长快、食性广、肉质营养成分好，以及养殖周期短等优点。除富有一般淡水虾类的风味之外，成熟的罗氏沼虾头胸甲内充满了生殖腺，具有近似于蟹黄的特殊鲜美之味。每百克虾肉含蛋白质 20.6 克，脂肪 0.7 克，并含有多种维生素及人体必需的微量元素。

63. 凡纳滨对虾“任海 1 号”有什么特点?

凡纳滨对虾又叫南美白对虾，是世界养殖产量最高的三大优良品种之一，具有适应性强、生长速度快、抗病能力强等三大特点，只要饵料中蛋白质比率占 20%以上就能生长。凡纳滨对虾“任海 1 号”肉质鲜美、出肉率高、广盐性、耐高温，其幼苗经 100 多天的培养即可长成成体，体长可达 24 厘米。

64. 团头鲂“华海一号”有什么特点?

团头鲂“华海一号”是以 2007 年至 2008 年从湖北梁子湖、淤泥湖和江西鄱阳湖收集的 680 组野生团头鲂亲鱼构建基础群体，采用家系选育和群体选育技术，并结合亲子鉴定技术，以生长速度和成活率为目标性状，经连续 4 代选育而成。与未经选育群体相比，“华海 1 号”具有明显的生长优势，且成活率高，平均亩增产 20%～35%，效益显著，适宜在全国各地人工可控的淡水水体中推广养殖。

第三章 淡水养殖管理

第一节 常见养殖方式

65. 常见养殖方式有哪些类型?

(1) 根据水源性质 分为淡水养殖和海水养殖。

① 淡水养殖：我国淡水养殖总产量多年来一直居世界首位。淡水养殖对象除传统的鲤科鱼类外，还增加了罗非鱼、虹鳟、银鲑、白鲫、罗氏沼虾、中华绒螯蟹、淡水珍珠贝等。采用人工繁殖技术和网箱培育方法，为养殖提供了大量苗种。淡水养殖主要有两种类型：一是淡水池塘养殖，池塘精养鲤科鱼类，以投饵、施肥取得高产，并将各种不同食性的鱼类进行混养，以充分发挥水体生产力。二是淡水大水面养殖，在湖泊、水库、河沟、水稻田等大、中型水域中放养苗种，主要依靠天然饵料获得水产品。

② 海水养殖：我国海水养殖历史悠久，发展迅速，是沿海地区的一大产业，养殖的对象主要是鱼类、虾蟹类、贝类、藻类以及海参等其他经济动物。海水养殖包括浅海养殖、滩涂养殖、港湾养殖等，浅海养殖又包括浅海筏式养殖、浅海底播增养殖、海水网箱养殖；海洋滩涂养殖，主要养殖种类为滩涂贝类。

(2) 根据养殖模式 分为鱼菜共生模式、稻渔综合种养模式、多营养层次养殖模式、池塘工程化循环水养殖模式、工厂化循环水养殖模式、多级人工湿地养殖模式、集装箱受控式循环水养殖等 7

种主要模式。未来以大力推广综合种养、多营养层次养殖、复合人工湿地＋池塘循环水养殖为代表的生态环保养殖技术模式为主，以解决水产养殖发展中存在的一系列不平衡、不协调、不可持续的问题。

66. 什么是稻渔综合种养模式？

稻渔综合种养（图 3－1）是根据生态循环农业和生态经济学原理，将水稻种植与水产养殖技术、农机与农艺的有机结合，通过对稻田实施工程化改造，构建稻-渔共生互促系统，并通过规模化开发、集约化经营、标准化生产、品牌化运作方式，能在水稻稳产的前提下，大幅度提高稻田经济效益和农民收入，提升稻田产品质量安全水平，改善稻田的生态环境，是一种具有稳粮、促渔、增效、提质、生态等多方面功能的现代生态循环农业发展新模式。

（1）稻渔综合种养模式　包括稻鱼（图 3－2）、稻虾、稻蟹、稻鳖、稻鳅、稻蛙等种养模式。

图 3－1　稻渔综合种养

图 3－2　稻鱼共生

（2）稻田综合种养方式

① 稻渔轮作：在同一稻田有顺序地在季节间或年间轮换种植水稻和养殖水产经济动物的生产方式。

② 稻渔共作：是利用水稻与鱼、虾、蟹的互利共生关系，把水产养殖和优质稻米生产结合在一起的生态农业模式。利用稻田的

浅水环境，辅以人为措施，既种植水稻又养殖鱼虾蟹，使稻田内的水资源、杂草资源、水生动物资源以及其他物质和能量资源更加充分地被鱼虾蟹利用，并通过所养殖鱼类的生命活动，达到为稻田除草、灭虫、疏土和增肥的目的，获得稻、鱼双丰收的理想效果。

67. 什么是池塘鱼菜共生综合种养模式?

池塘鱼菜共生（图 3-3）是一种涉及鱼类与植物的营养生理、环境、理化等学科的生态型可持续发展农业新技术，就是在鱼类养殖池塘中种植蔬菜，利用鱼类与蔬菜的共生互补，将渔业和种植业有机结合，进行池塘鱼菜生态系统内物质循环，实现养鱼不换水或少换水、种植不施肥的资源循环利用的综合种养模式。

图 3-3　池塘鱼菜共生

研究发现可水上种植的陆生植物达 130 多种，包括蔬菜、花卉、瓜果、草本等经济植物。常见蔬菜包括：蕹菜、鱼腥草、秋葵、水芹菜、西洋菜、小白菜、大蒜、葱、青椒、丝瓜、茄子等；常见花卉包括：翠竹莉、香蒲、美人蕉、巨型芦苇、风车草、狐尾藻等；常见瓜果类包括：黄瓜、草莓等植物；其他常见经济植物包括：黑麦草、彩叶草、灯心草、水稻、牛筋草等。

68. 什么是池塘 80∶20 养殖模式?

1993年，全国水产技术推广总站与美国大豆协会合作，引进了淡水池塘80∶20养鱼技术。具体是指利用淡水池塘养鱼产量中的80%左右是由一种摄食人工颗粒饲料、受消费者欢迎的高价值吃食性鱼组成，也称之为主养鱼，如鲤、鲫、青鱼、草鱼、团头鲂、斑点叉尾鮰、尼罗罗非鱼等；其余20%左右的产量是由“服务性鱼”组成，也称之为搭配鱼，如鲢、鳙等滤食性鱼类，可净化水质。该模式经济效益大，对环境影响小，是目前以人工颗粒饲料为基础的养殖技术中最理想的模式。此模式适合鱼种养殖和成鱼养殖。主要优点如下：

① 能良好地控制养鱼池的水质。

② 可采用高质量的人工配合颗粒料，提高饲料的利用率和转化率，减少对水质的污染。

③ 按一定比例混养服务性鱼类，既可以改善池塘水质，又可利用池塘天然生物饵料资源换取一定的鱼产量，增加经济效益。

④ 适应市场需求，主养鱼是高价值鱼，追求的不是最高的产量，而是最佳的经济效益。

69. 什么是草鱼养殖模式?

在传统池塘养殖中，每放养一尾草鱼，就要搭配几尾鲢。这是由于草鱼与鲢在水体中具有互利关系。草鱼摄食量大，且摄取的草料等有很大一部分是纤维素等难以消化的成分，因此会排出大量的粪便，使水中浮游植物迅速繁殖。水中的浮游植物正是鲢的主要饵料，鲢不断摄食这些藻类，起到清洁水质的作用，为草鱼提供了一个相对稳定的水质环境。因此，养草鱼时，搭配一定量的鲢，既可不增加投饵量而收获鲢，还可使草鱼长得更好，渔民将其总结为“一草养三鲢”。

常见的草鱼养殖方式主要有池塘主养、池塘套养、围网养殖等。

70. 什么是池塘内循环微流水养殖?

池塘内循环微流水养鱼（图 3－4）是池塘养鱼和流水养鱼的技术集成，该技术是数十年来美国大豆出口协会在中国推广 80∶20 池塘养殖模式的技术转型和技术升级，它将传统池塘“开放式散养”模式创新为新型的池塘内循环微流水“圈养”模式，这是水产养殖理念的再一次革新。是一种池塘养鱼高产精养技术，鱼被养殖在封闭水域中所建造的流水槽内，并在水槽的前端安装推水设备，在尾端安装吸污设备。在流水池中“圈养”吃食性鱼类的主要目的是控制其排泄粪便的范围，并能有效地收集这些鱼类的排泄物和残剩的饲料，通过沉淀脱水处理，再变为陆生植物（如蔬菜、瓜果、花卉等）的高效有机肥。这样，既可以解决水产养殖的自身污染，消耗能源和水土资源等根本问题，同时又做到化废为宝，增加养殖户的经济效益。总之，池塘内循微环流水养鱼技术具有较高的社会效益、经济效益和生态效益。

图 3－4　池塘内循微环流水养鱼

池塘内循环微流水池塘的建造是保证整个养鱼过程顺利实施的关键，应确保池塘规格与设计方案规定的标准一致，能够满足鱼类生长的基本需求。池塘的底部应该尽量平整，且保持在同一高度上，否则会降低水的流动速率。

能够摄食颗粒配合饲料的品种均适合池塘内循环微流水养殖，目前养殖效果较好的品种有：草鱼、黄颡鱼、鲈、鳊、鲫、乌鳢、大鲮鲃等品种。

71. 池塘内循环微流水养殖有哪些优点?

与传统池塘养殖模式相比，池塘内循环微流水养鱼技术具有以下优点：

① 有效地提高产量。

② 大幅度的提高成活率，由于鱼类长期生活在高溶氧流水中，成活率可达到95%以上。

③ 提高饲料消化吸收率，降低饲料系数。

④ 采用的气提式增氧推水设备可以降低单位产量的能耗。

⑤ 实现养殖水零排放，减少污染。

⑥ 提高劳动效率，降低劳动成本。

⑦ 多个流水池可以进行多品种养殖，避免单一品种养殖的风险；同时，也可以进行同一品种多规格的养殖，均匀上市，加速资金的周转。

⑧ 大大地减少病害发生率和药物的使用，增加了水产品的安全性；同时，提高养殖水产品的质量。

⑨ 日常管理操作方便，起捕率达100%。

⑩ 有效地收集养殖鱼类的排泄物和残剩的饲料，根本上解决了水产养殖水体富营养化和污染问题。

⑪ 实现室外池塘工程化养殖管理，物联网监控，加速中国渔业现代化的进程。

72. 什么是工厂化水产养殖?

工厂化水产养殖（图3-5）是在品种高密度放养的基础上，

集机、电、化、仪、自动化、生物工程技术为一体的系统工程，属于高投入、高技术、高风险、高回报的产业。将工业化的理念运用到水产养殖中，在室内鱼池中采用先进的机械和电子设备控制养殖水体的温度、光照、溶解氧、pH、投饲量等因素，进行高密度、高产量的养殖方式。属于集约型现代化的高密度、高成活率、高成功率、全年多批次养殖类型，不仅可以摆脱传统养殖业受自然环境的束缚，生产环境易于控制，而且还保证了水产品的优质、高效、生态、安全。由于厂房、养殖池、进排水系统建造等前期投资非常大，工厂化水产养殖场就必须优选高附加值的养殖品种，要求养殖周期短、占用资金少、回报可观，切实体现出工厂化养殖优势和高效率。

工厂化水产养殖已经成为国内水产养殖业未来发展趋势。

图 3-5　工厂化养殖

73. 什么是大水面放牧式养殖?

大水面放牧式养殖（图 3-6）是指利用水库、湖泊、江河等水资源养殖水产品的一种方式。水库、湖泊或设置了围栏的库湾、湖汊等大型养殖水域等水域牧场要求采用科学投放鱼种，便于捕捞和生产管理，实施“零投喂”的“放牧式”粗放养殖方式。

图 3-6　大水面放牧式养殖

大水面常见养殖品种常选择鲢、鳙滤食性鱼类和鳖等品种，以达到既能发展绿色、有机水产品养殖，获取较好的经济效益，又能净化水质的目的。

74. 什么是流水养殖?

流水养鱼（图 3-7）是在有水流交换的鱼池内进行鱼类高密度精养的方式。一般以水库、湖泊、河道、山溪、泉水等作为水源，借助水位差、引流或截流设施及水泵等，使水不断地流经鱼池，或将排出水净化后再注入鱼池。由于水流起着输入溶解氧和排除鱼类排泄物的作用，池水能保持良好水质，为鱼类高密度精养创造了条件。

图 3-7　流水养殖

75. 什么是开放式流水养殖？

开放式流水养殖（图 3－8）主要是利用河流及湖泊水库水体的自然落差进行流水养殖。水源流经鱼池后，不再循环回收，耗水量较大，一般多用于水源充沛的地区。主要特点是选择某天然水体作为蓄水池兼净化池，需动力抽水导入流水池，流水池的排水仍然回到原池，养鱼系统始终与外水源天然水相连，所以称为开放式。由于水质好、环境优、配套使用无公害饲料，主养名优鱼类。只要饲养密度适当，一般很少生病，故不需用药或很少用药，产品通常能达到无公害水产品的标准。

图 3－8　开放式流水养殖

76. 什么是封闭循环式流水养殖？

封闭循环式流水养殖又称循环过滤式养鱼，养鱼用水经过专门设备的沉淀、净化、过滤等处理过程后再重新供流水池养鱼用，所以整套设备的技术要求较高，投资也较大。特点是对池中排出的污水进行净化处理后再注入鱼池，因此耗水总量相对较少，并可使用加热的方法来保持池水恒温。如何设计最理想的过滤净化体系，是本类型的关键。

77. 什么是温流水养殖？

以温度高于气温的自然水源（温泉、深井）或工矿企业（主要是电厂）的温排水，作为主要的或调节用的水源，与天然常温水同时注入鱼池，通过控制两者的流量来保持池水的适温。温流水养殖分为开放式和封闭式两类：开放式的水源量必须很充足，用过的水不再重复使用，但需有调温及增氧等设备；水源量小的可采用封闭式，或者是在上述封闭式循环流水养殖系统里再附设一套加温、调温、增氧等设备，以达到全年生产和提高设备利用率的目的。

第二节　池塘和稻田管理

78. 什么是池塘“一改五化”养殖技术？

为实现高产、高效和无公害的规范化水产养殖生产，重庆市水产技术推广总站提出并集成一系列配套技术，包括品种选择、池塘准备、饲料选择、投饲技术、病害综合防治、水质调控、渔业机械等标准化养殖生产技术，简称池塘“一改五化”技术，被列为全国农业主推技术。“一改”是指改造池塘基础设施改造，“五化”是指水质环境洁净化、养殖品种良种化、饲料投喂精细化、病害防治无害化、生产管理现代化。

（1）池塘改造

①小塘改大塘：将不规范的小塘并成大塘，池塘以长方形东西向为佳（长宽比约为2.5∶1），面积10～20亩。

②浅塘改深塘：通过塘坎加高、清除淤泥实现由浅变深，成鱼塘水深2～2.5米，鱼种池水深1.5米左右，鱼苗池水深在0.8～1.2米。

③整修进排水系统：整修进排水、排洪沟渠等配套设施，要

求每口池塘能独立进排水，并安装防逃设备。

（2）水质调控 采用生物调控（包括鱼菜共生调控、微生物制剂调控）、物理调控和注新水的调控手段改善水质，保持池水活、爽、嫩，透明度在35厘米以上。

（3）养殖品种良种化 选择优质鱼类，如优质鲫鱼、草鱼、斑点叉尾鮰、团头鲂、泥鳅、翘嘴红鲌、黄颡鱼等，同时兼顾市场性、苗种可得性和养殖可行性。

（4）采用80：20养殖模式 主养鱼占80%，服务鱼占20%；鱼种规格整齐，重量个体差异在“10%”以内，搭养鱼类个体大小一般不得大于主养鱼类。

（5）饲料投喂精细化 饲料有良好的稳定性和适口性，要求新鲜、不变质、物理性状良好、营养成分稳定，加工均匀度、原料的粒度符合饲料加工的质量要求。限量投喂，根据养殖鱼类的生长速度、阶段营养需要量和配合饲料的质量水平确定每天的饲料投喂料。

（6）病害防治无害化 使用环境保护剂1～2次/月，保持养殖水体正常微生物群的生态平衡，优化池塘养殖环境；定期对鱼种、饵料、工具、食场和水体消毒，切断传播途径消灭病原体；加强饲养管理，严格免疫接种，增强鱼体抗病能力；使用水产养殖用药应当符合《兽药管理条例》和农业部《无公害食品渔药使用准则》（NY5071—2002），严禁乱用药物。

79. 怎样调控池塘水质?

池塘应选在水源充足、水质清新、水温适宜、排灌方便、无工（农）业和生活污染的地方。加、换水应视池水的肥度、鱼群活动和池塘渗漏等情况灵活掌握。每15～20天，搅动池塘底泥1次，每次搅动面积不少于鱼池面积的1/3，以晴天中午搅动效果最佳，闷热、气压低天气时不宜搅动。

精养池塘应配备专门的机械增氧设备，适时开机增氧，以增加水中溶氧，为鱼类生长创造优良的水质环境。一般是晴天中午开，阴天清晨开，连绵阴雨天气时半夜开，有浮头危险时提前开，每次开机 2 小时左右。

无机械增氧设备的鱼塘，亦可选用增氧剂等药物进行增氧。使用生石灰调节水体 pH 于 7.0～8.5，还可起到杀菌、消毒和改善水质的作用。当水源水质较差或注水不便时，可使用芽孢杆菌、光合细菌、EM 菌等生物制剂，降低水中氨氮、硫化氢、亚硝酸盐等有毒有害物质的含量，抑制病菌生长，改良水质和底质，增强免疫力，促进鱼类健康生长。

采用科学投饲稳定水质，夏季是鱼类快速生长的季节，饲料投喂量较多，对水质影响很大，应把握科学投喂原则，饲料要选择配方合理、营养全面、安全无害、粒径应与养殖鱼类的个体大小相匹配，并坚持定时、定质、定量、定位投喂的“四定”原则，减少饲料浪费，避免水质恶化。

80. 为什么鲢、鳙有调节水质的作用?

浮游植物是鲢的天然饵料，鳙滤食浮游动物。浮游植物和浮游动物是水体中两个重要的生物种群，对水体调节起着十分重要的作用。当蓝藻和小三毛金藻浮游植物等形成优势种群，大量繁殖时会形成“水华”，使水体具有毒性，影响水质。如果放置适量的鲢鱼，就可以控制浮游植物过度繁殖，从而达到调节水质的作用；而浮游动物以浮游植物为食，鳙鱼滤食浮游动物可以起到调节浮游植物含量的作用，从而达到调节水质的目的。

81. 水中缺氧会有什么后果?

水中缺氧轻者导致水质恶化，鱼类吃食较差、消化吸收利用率较低，饲料系数升高；重者浮头、泛塘，造成鱼类大量死亡，造成巨大损失。一遇天气突变（春夏之交、秋冬之交），上下水体夜间急剧对流，氧债暴发性偿还，使整个水体严重缺氧，鱼类往往浮头、严重浮头和泛塘，从而大量死亡。缺氧影响饲料系数，还极易引发鱼病。

82. 怎样防止鱼类缺氧？

(1) 加强检查 定期监测水中溶解氧，发现缺氧及时采取补救措施。出现不良天气时，加强夜间巡塘检查，及时发现问题并迅速处理。

(2) 合理饲养 合理密养，合理搭配鱼种，合理施肥，适时加注新水，改善水质，越冬池须清除过多的淤泥。

(3) 定期增氧 定期开动增氧机，增加水中溶解氧，曝除水中硫化氢等有毒气体；若出现连日阴雨、夜间突刮西北风快速降温或晴天午后有雷阵雨的天气和低气压闷热天气，要在中午开动增氧机搅水增氧，减少池水夜间耗氧因子；对缺氧池塘应及时加注新水、搅动池水或循环抽水，达到增氧效果。

(4) 控制喂量 当鱼类有浮头预兆时应停止投喂；出现不良天气时要适当减少投饲量，并尽量在上午投饲，切忌喂夜食，以免加重鱼类缺氧浮头程度。

(5) 使用增氧剂 对没有增氧机设备，水源也不方便的池塘，要先准备足量的增氧剂，一旦池鱼浮头严重，就应立即施用，进行解救。

83. 怎样选择和使用增氧设备？

(1) 增氧机的种类 目前使用较为广泛的增氧机有叶轮式增氧机、水车式增氧机、射流式增氧机、喷水式增氧机、充气式底层微孔增氧机、吸入式增氧机、涡流式增氧机、增氧泵等。

(2) 增氧机的选择 选择增氧机应根据池塘的水源情况、水深、面积以及养殖单产、养殖计划、增氧机效率和运行成本等综合考虑。

①一般水深小于 1.5 米，池塘面积小于 3 亩，可以选择水车

式增氧机、喷水式增氧机等；

② 水深大于1.5米，池塘面积3亩以上，可以选择叶轮式增氧机、底层微孔增氧机等；

③ 高密度精养池塘，大多采用涌浪机或叶轮式增氧机与底层微孔增氧机搭配使用，以提高增氧效率、降低动力成本。

(3) 各类增氧机的优缺点

① 叶轮式增氧机：增氧能力和动力效率均优于其他机型，但它运转噪音较大，一般用于水深1米以上的大面积的养殖池塘；

② 水车式增氧机：动力效果好，推流混合效果较强，其旋转速度较低，不会对鱼、虾造成损伤，适用于水深1.5米以内池塘使用；

③ 射流增氧机：适用于育苗、养虾、养蟹、活鱼运输和北方冰下水体增氧等；

④ 喷水式增氧机：可在短时间内迅速提高表层水体的溶氧量，同时还有艺术观赏效果，适用于园林或旅游区养鱼池使用。

(4) 增氧机使用原则　增氧机的使用应按照养殖生产实际、增氧机的类型和水中溶氧变化规律，综合考虑水质、气候等条件，科学合理的使用增氧机。叶轮式增氧机的使用一般要坚持晴天中午开1～2小时。另外根据养殖计划、放养模式、放养密度，以及天气、水质、鱼虾的浮头情况和增氧机负荷面积等情况适时打开增氧机，保障养殖鱼类的溶氧充足，严防缺氧、浮头、泛塘等情况的发生。

84. 池塘内循环微流水养鱼有哪些管理事项?

(1) 流水槽设施设备维护　检查增氧推水情况，及时清理曝气盘、拦鱼网污物；定期检查风机机油量、电源接线、进行备用发电机保养维护、清洗校准水质监测探头等。

(2) 加强饲养管理　饲料投喂坚持“四定”，注意观察鱼类的摄食情况，精心管理池塘。

(3) 加强水质监测　随时监测水质情况，定时吸污。

(4) 加强疾病防控 在养殖高峰定期投喂添加维生素、中草药、微生态制剂、免疫增强剂等功能性饲料，预防鱼类疾病的发生。如果发现鱼类出现各种疾病的早期症状应立即将病鱼捞出，防止疾病的传染和扩散。

(5) 加强日常巡查 保证各项设施设备的运转正常，确保安全生产。

85. 大水面养殖有哪些管理事项?

根据水体情况、鱼类食性和分布水层，合理搭配养殖种类，使水体资源得以充分利用；加强巡查，防止偷捕、电鱼、毒鱼、炸鱼等情况发生，确保安全生产；加强水质管理，可根据水质情况，合理采用微生态制剂等水质生物调控手段调节和净化水质；根据鱼类生长情况，实时捕捞上市，确保综合效益。

86. 怎样开展池塘养鱼混养模式?

(1) 混养的意义 一方面，鱼类大致可分为上层、中下层和底层三类，按这三种类型进行搭配，可以充分利用养殖水体空间，起到扩大水面的作用；另一方面各种鱼类有不同的食性，能有效清除鱼塘的残饵，调节水质。因此，池塘同时放养多种不同品种和不同规格的鱼，可以充分利用养殖水体空间，达到有效提高单位产量的目的。

(2) 混养品种的选择 坚持四个原则：

① 选择的养殖品种应为能适应当地气候条件的优良品种。

② 避免种间竞争尤其注意不要引起品种之间的食料竞争。

③ 尽可能地利用并发挥品种之间互利的生物学关系。

④ 选择的品种要能充分地利用鱼池里所形成的一切食料物质，保证食物网的饵料生物尽可能多地转化成鱼体蛋白质。

(3) 注意事项

① 做好水产品和水上植物的搭配，做好病虫害防控。

② 注意浮床架设的面积，应根据水质肥瘦程度确定浮床比例，种植面积控制在5%～15%较为适宜，能起到较好的净水和生长作用。

③ 养护好浮床，浮床易受大风、进水冲击等影响产生变形或破损，要及时修补加固或更换。

④ 做好水产品的日常养殖管理。

⑤ 浮床清理和保存。在收获完蔬菜或者需要换季种植蔬菜时，应通过高压水枪或者刷子将架体上以及上、下两层网片上的青苔等杂物清理掉，阴凉处晾干，若冬天未进行冬季蔬菜种植应将浮床置于水中或者将其清理加固处理后，堆放于荫凉处，切不可在室外雨淋日晒。

87. 怎样管理池塘鱼菜共生水上蔬菜?

（1）水上蔬菜品种的选择　一般夏季种植绿叶菜类有空心菜、水芹菜等，藤蔓类蔬菜有丝瓜、苦瓜等，冬季种植蔬菜有西洋菜、生菜等品种。

（2）蔬菜栽培时间的选择　空心菜、丝瓜、苦瓜等夏季蔬菜，4月下旬以后，水温高于15℃时开始种植；西洋菜等冬季蔬菜，10月下旬以后，温度15℃以上时开始种植；其他蔬菜种植品种根据生长季节和适宜生长温度栽种。

（3）蔬菜种植比例　池塘种植蔬菜就是利用其消耗水体有机氮而达到净水的目的，较肥的池塘适合开展水上蔬菜种植，水质越肥，种植蔬菜比例越高。可以通过水色、气味、底泥深度和养殖年限来确定养殖池塘是否适合种植蔬菜，一般精养池塘，养殖周期3年以上，水色黄褐、褐绿、油绿、黄绿色的池塘水质较肥，适合开展蔬菜种植。

（4）及时收割　促进蔬菜生长，提高水体净化效果，增加经济效益。

88. 怎样修复池塘底泥?

池塘底泥在养殖过程中通过泥水之间营养物质交换，对水体净化起着非常重要的作用。在高密度的养殖方式下，养殖过程中产生的有机污染物远大于池塘底泥的自身净化能力，有机污染物逐渐沉积在底泥表层，形成厌氧层。厌氧层的长期存在，一方面池塘底泥会产生硫化氢等有毒有害物质，另一方面也会为病原菌的繁殖生长提供有利条件，最终影响到养殖动物的健康。因此，池塘休耕期间要修复底泥。

池塘底质改良的主要方法可分为物理方法、化学方法和生物方法三种。

(1) 物理方法 常见的有清淤、晒塘、翻耕、开增氧机搅动塘底、施用沸石粉等。

① 清淤：就是直接清除掉，清除污泥的厚度一般在 10～15 厘米。

② 晒塘或焚烧：晒塘即是把池塘水排干后进行暴晒干燥，让池塘底部泥土充分氧化、充氧，干燥过后最好保持一定的水分，有利于微生物分解有机物质。焚烧一是将稻草捆扎埋在土壤中闷烧或铺在池塘底部焚烧，另一种方法是煤气热处理，直接用煤气装置喷烧土壤。

③ 翻耕和破碎：用工具把池塘底泥翻耕，并进行破碎处理，让养殖期间被还原的矿物质尽最大可能与空气接触并氧化，使土壤微生物获得充分氧气，这是池塘土壤修复的最好方法。

(2) 化学方法 使用生石灰、过氧化钙、螯合剂等化学制剂碱化调整底泥；对有机物高的池塘施无机肥，促进有机物质的分解，有机物低的池塘施有机肥，强化有机物质的积累。

(3) 生物方法 一是根据土壤的检测数据，针对池塘底部施用相应的菌种，对其中积累的有机物以及一些有毒有害物质进行分解或吸收，对土壤进行修复。休耕期间对受重金属污染的土壤来说，最有效的解毒方法是在池塘里种植特定的植物，通常为草类和蔬菜类，消减土壤污染。

89. 冰封越冬池为什么在鱼种入池前要消毒？

冰封期由于冰层封住池塘的表面，越冬池塘形成了一个封闭的生态系统，如果浮游植物光合作用产生的氧被消耗逐渐降低，当降到越冬鱼的溶解氧阈值之下，鱼就会因缺氧死亡。越冬池最大冰封时保持冰下有效水深1米以上，选定的越冬池在放鱼种前10～15天把塘水排干，曝晒5～7天，然后每亩用生石灰150千克或含氯30%的漂白粉15千克，加水充分溶解后全塘均匀泼洒。以生石灰效果较为理想。池塘加水后如果发现塘水中有大量浮游动物，可将90%的晶体敌百虫按0.2克/米^{3}的用量全塘泼洒，以避免浮游动物消耗水里的氧气。

90. 稻渔综合种养模式的日常管理技术有哪些？

稻渔综合种养模式为稻鱼、稻虾、稻蟹、稻蛙、稻鳖、稻鳅等多种养殖模式的统称。稻渔综合种养模式的主要日常管理技术的巡塘管理、水质调控、饲料投喂、疾病防控等与池塘养殖类似，其主要的差异在于水稻种植与渔业生产的协调管理上。一是水稻种植农药、肥料等的使用要考虑到不能对养殖动物产生毒害；二是渔业生产要考虑到水稻栽秧、晒田、收割等的需要；三是防逃、防鸟、防盗。

91. 稻田综合种养有哪些管理事项？

（1）适宜规模化发展　集中连片的稻田，才能充分发挥综合效益，原则上，经营的规模面积不能低于200亩。“农户的稻田大多是分散的、不集中，不太适合。最好由流转了大片稻田的龙头企业、种养大户、合作社、家庭农场等新型经营主体来经营，以宜机化整治后的地块最适宜，排水设施经改造整治后，能提高防洪抗旱能力，特别是高温干旱的夏季。

（2）标准化生产 生产前，最好根据实际情况，将稻田划分成若干标准化的综合种养单元，并建立相应的稻田生产技术和稻田工程标准。标准化的单元划分，便于分放不同种类的水产品和管理。

（3）质量监管 避免使用对鱼虾危害较大的农药及化肥，保证水稻和水产品的绿色、环保。可以通过品牌化的运作，建立水稻和水产品质量监管技术体系，保证鱼、米产品的品质提升、品牌打造和价值开发，最终获得好的效益。

（4）安全防范 经常检查拦鱼设施，疏通排洪沟，要加强巡视，经常检查吃食情况、有无病害、防逃设施并检测水质等，发现问题及时处理；根据养殖品种不同，经常注意防范肉食性鱼、鼠、蛙、鸟以及水禽等敌害；严禁在鱼田中沤麻及洗涤剧毒农药器械，防止中毒。

92. 稻田养殖小龙虾有哪些管理事项？

① 注意稻田设施的科学规划和设计，确保养殖过程的水源、防洪、防逃等基本要求。

② 确保一定的深水区，以满足水稻晒田、收割和小龙虾生长的需要。

③ 在深水区种植一定比例的水草，增加小龙虾活动的立体空间，减少小龙虾在池底的活动以及蜕壳期的互相残杀。

④ 严防稻田农药、肥料等给小龙虾带来的毒害。

⑤ 做好防逃、防鸟、防盗措施。

⑥ 选择营养全面、品质有保证的饲料，科学合理投喂。

⑦ 适时捕捞上市。

⑧ 做好小龙虾的保种、选种工作。

93. 稻鳅养殖有哪些管理事项？

① 泥鳅为杂食性鱼类，在天然水域中以昆虫幼虫、水蚯蚓、

底栖生物、小型甲壳类动物、植物碎屑、有机物质等为食。在稻田养殖时，泥鳅可以充分利用稻田里的天然饵料，但由于要追求一定的泥鳅产量，仅仅依靠天然饵料是不够的，还需要投喂人工饲料。

② 泥鳅的生物敌害较多，种类有水蛇、水鼠、鳖、鸭、黄鳝、青蛙等，水蜈蚣、红娘华等水生昆虫也会对泥鳅造成危害。在放养鳅种前彻底清塘，清除池边杂草，保持养殖环境卫生，进水口要用铁筛网围拦好，防止野杂鱼随流水进入池中。

③ 泥鳅的逃逸能力较强，进排水口、田埂的漏洞、垮塌，大雨时水漫过田埂等都易造成泥鳅的逃逸，因此，养殖泥鳅的稻田都要加高加固田埂，扎好进排水口，做到能排能灌。有条件的话，在稻田四周围一圈网片，可以较好地起到防逃的效果。

④ 施用农药和化肥时要注意选择那些对泥鳅基本没有影响，或者影响较小的种类。泥鳅在轻度中毒后，在体表并没有明显的症状，所以在使用农药时，要尽量避免泥鳅中毒现象的发生，要为两者营造较为良好的生态环境，减少泥鳅的应激反应。促进水稻和泥鳅良好的生长，以获得较为理想的经济效益。

94. 鱼-稻复合系统为什么能缓解或避免鱼类浮头?

养殖鱼类浮头主要与水体中溶氧量不足、水质恶化有关。鱼-稻复合系统有计划地将富含有害物质的养殖废水排放到稻田中，移出了大量有害物质；经稻田处理后的新鲜水重新回到养鱼池塘中，又稀释了池塘水体中有害物质浓度，同时水体的溶氧状况也得以改善，从而起到增加池水溶氧量、减少有害物质的作用。因此，鱼-稻复合系统通过水体的有效循环，转化了养殖池水中的有害物质，增加了池水溶氧量，水质得到改善，有效缓解或避免鱼类浮头。这一方法比单纯开动增氧机增氧，缓解鱼类浮头更为彻底和有效。

95. 养殖场采用物联网管理有什么优势?

物联网是一个新兴行业，被世界公认为是继计算机互联网之后的第三次信息革命浪潮，将现代物联网技术运用于传统农业，就是要为传统农业插上腾飞的翅膀，促使其转型升级。

在安全饲养方面，物联网技术能够帮助企业建立完善的生产档案，建立水产品安全溯源的数据基础，管理安全生产投入品，建立疫病防疫记录；同时帮助政府监管部门实现生产过程的可监督、可控制，实时监控用药情况、疾病治疗免疫、饲料等情况，提高水产品的安全性，进而保障消费者的身体健康和生命安全。

物联网技术由针对养殖场开发的养殖场安全生产管理系统、统计预警系统、安全监控及信息服务平台构成。其中，养殖场安全生产管理系统为整个解决方案的基础与核心，主要功能包括档案管理、繁殖管理、饲料管理、防疫管理、疾病诊疗管理、兽药管理、系统管理等。

通过掌控各养殖场的状况，对养殖场的生产经营实施起监督、管理、推进作用。物联网技术在设计上具有极大的弹性，通过数据层、中间层、表现层三大部分提高了技术应用的可扩展性。物联网技术在养殖上的应用，实现了应用系统间的无缝集成，克服信息孤岛，为安全养殖提供了技术支撑。

第三节　水环境调控

96. 水产养殖水环境的影响因子有哪些？

养殖水体既是养殖对象的生活场所，也是粪便、残饵等分解容器，又是浮游生物的培育池，这种“三池合一”的养殖方式，容易造成三者之间的生态失衡。随着水产养殖技术的发展，养殖方式由粗养转为集约化养殖，在产量提高、效益增加的同时，也产生了负面影响，如水体浮游物增多，从而导致鱼类病害频繁发生；水中有机物和有毒有害物质大量富积，而且成为天然水域环境的主要污染源之一。

在水产养殖过程中，水体环境中对养殖对象的生长发育产生影响的理化因子主要有溶解氧、氨氮、亚硝酸盐、硫化氢等，而这些因子随着水温的变化、饵料的投喂以及水生动植物的新陈代谢和光合作用在不断地变化，想获得好的效益必须调控好这些理化因子。因此，水质处理作为水产养殖常规技术已越来越引起人们的重视。

97. 常见水质调控管理方式有哪些？

（1）物理调控方法　操作容易，成本低，效果明显的经济适用方法。其常见的措施有：调节水位、更换旧水、搅动底泥、排干清淤等。

（2）化学调控方法　调节改良水质的常用方法，作用效果迅速明显，但作用时间短，不能从根本上解决水质问题。通常采用向水体中施用增氧剂、络合剂、沉淀剂、除毒剂、杀藻剂及酸性化学物质或合成物质等，包括施用肥料等措施，对水体的 pH、硬度、碱度、肥度进行调节，达到调控水质的目的。

（3）生物调控方法　生物调控就是利用生物的方法，降解养殖水体中的有机废物，改善水质和底泥微生态环境，抑制病原体生长，改善提高水体生态系统的结构与功能。通常采用向水体施用 EM 菌、光合细菌、硝化菌、乳酸菌、酵母菌等微生态制剂或移栽水生植物等措施，消耗水中积累过量的有机物质，达到改良和净化养殖水质的目的。

98. 怎样应用微生态制剂调控水质？

微生态制剂，也叫活菌制剂或生菌剂，是指运用微生态学原理，利用对宿主有益无害的益生菌或益生菌的促生长物质，经特殊工艺制成的制剂。微生物制剂可有效降低养殖水质中亚硝酸盐、氨氮、硫化氢等浓度，抑制水体中有害微生物繁殖和生长，净化水质。

(1) 常用水产微生态制剂种类 市场上常用的微生态制剂主要有单一制剂和复合制剂。单一制剂包括枯草芽孢杆菌、蛭弧菌、乳酸菌、酵母菌、光合细菌、硝化细菌、防线菌等；复合微生态制剂包括EM制剂、益生菌等。

水产微生态制剂使用成本和养殖品种相关。一般四大家鱼全年费用在150～200元/亩；黄颡鱼、加州鲈鱼等在250～300元/亩；虾蟹等在400～450元/亩。

(2) 微生态制剂对水质的调控机理 调节宿主体内菌群结构，抑制有害细菌的生长，减少和预防疾病；消除污染物，净化环境；促进养殖动物的生长，增强机体的抵抗力；防止有毒物质的积累，保护机体不受毒害；刺激免疫系统，提高免疫力。

(3) 微生态制的调控方法

① 光合细菌：对有机物浓度较高、底质较差、有一定透明度的浅水池使用效果明显。使用光合细菌的适宜水温为15～40 ℃，在水温28～36 ℃，pH偏碱（7.5～8.5）时，光合细菌生长较好，因而宜掌握在水温20 ℃以上时使用。养殖户在使用光合细菌改善水质时，可选在晴天上午进行，应根据水质肥瘦情况使用光合细菌，酌量使用，光合细菌用沸石粉吸附后泼洒能提高使用效果。由于光合细菌制品多为活菌液，为保证使用效果，应注意尽量使用新鲜菌液以保证活菌数。菌液开始发黑并有恶臭味可能是活菌死亡腐败所致，使用效果受影响。注意避免与消毒杀菌剂同时使用。

② 芽孢杆菌：枯草芽孢杆菌在水产养殖中有两种使用方法，一种是净水用，另一种是内服，即添加到饲料中给水产动物食用。芽孢杆菌在保存期间以芽孢的形式存在，养殖户在使用前，可用一定配制好的培养基活化、增殖，然后泼洒，可提高使用效果。由于大多数芽孢杆菌属好气性菌，在施用芽孢杆菌制剂时要注意保持水体中的溶氧量，以更好地发挥其作用。

③ 硝化细菌：硝化细菌发挥作用的适宜条件为：pH 7～9，水温在30 ℃时活性最高，水中溶解氧含量高则硝化作用能更好进行。

光对硝化细菌的生长繁殖有抑制，在使用硝化细菌制剂时，要注意水中溶解氧含量及光照强度。

硝化细菌的应用一是预先培养附着硝化细菌的生化培养球，二是向池中直接泼洒硝化细菌制剂。使用方法如下：

将活性污泥池或生物池的进水与出水关闭，并保持曝气状态，pH 调到 7.5～8.2 较佳。将菌剂按 1 克/升比例一次性全部均匀投入曝气池中，比例可以依污水情况适量增减。持续曝气 24 小时，使微生物激活，附着菌床并进行繁殖，达到活跃状态。建议采用阶段式进水，以减小对微生物的冲击，运行第一天打开正常进水量的 1/3，第二天打开 2/3，第三天即可全开。如进水量设计偏小，则可一次性全开。

99. 怎样调控水体 pH？

在养殖水体中，pH（即酸碱度）是水质的重要指标，十分直观地反映着水质的变化，比如藻类的活力、二氧化碳的存在状态等，都可以通过 pH 的大小和日变化量来推断是否在正常范围内。

(1) 水体 pH 的适宜范围 鱼类最适宜在中性或微碱性的水体中生长，其最适 pH 为 7.8～8.5，pH 在 6～9 时，仍属于安全范围。但是，如果 pH 低于 6 或高于 9，就会对鱼类造成不良影响。

① 当 pH 过高，由于水中铵离子转变为分子氨，增大氨的毒性，同时给蓝绿藻水华产生提供了条件；pH 过高也可能腐蚀鱼类鳃部组织，造成鱼的呼吸障碍，严重时引起大批死亡。

② 当 pH 过低，首先容易致使鱼类感染寄生虫病，如纤毛虫病、鞭毛虫病；其次水体中磷酸盐溶解度受到影响，有机物分解率减慢，天然饵料的繁殖减慢；第三，鱼鳃会受到腐蚀，鱼血液酸性增强，利用氧的能力降低，尽管水体中的含氧量较高，还会导致鱼体缺氧浮头；第四，酸性水鱼的活动力减弱，对饵料的利用率大大降低，影响鱼类正常生长。

(2) 水体 pH 测量方法 pH 的测量方法有很多种，其中试剂法简单易懂，在养殖生产中被广泛使用。

但是由于养殖水体是由浮游生物、细菌、有机物质、无机物质、养殖对象等组成的整体，生命活动时刻在进行，水质指标也跟着在变化。正常水体的 pH 有一定的规律：一般早上水体 pH 低，随着光照的加强，pH 会随着光合作用的增加而上升，直到下午才开始下降，到次日早晨达到最低。所以，每天需测量两次，早晨6～7点和下午3～4点各测量一次，两次测量的 pH 存在一定的差值，体现了养殖水体浮游生物的活力，光合作用的强度。如果 pH 的变化值比较小，说明藻类老化或死亡，光合作用弱，需要马上采取措施处理水体，以免造成缺氧等养殖事故。

(3) 水体 pH 调控措施

① 当 pH 过低，一是可以将池中老水排掉，注入新水，反复2～3次，以调节水体中的 pH；二是每半月泼洒生石灰水一次，既可以调节水体酸碱度，又可以防治鱼病。

② 当 pH 过高，一是可以将池中老水排掉，注入新水；二是用明矾调节，用量每亩水体0.5千克左右；三是用稀盐酸或醋酸泼洒；四是多施有机肥，以肥调碱；五是用碳水化合物，比如蔗糖（红糖）等降低 pH，用量1～1.5千克/亩，1～2次。pH 降至理想值再用益生 EM 菌稳定水质。注意在防治鱼病时，不能用生石灰，宜用漂白粉和中草药。

100. 怎样利用水的透明度判别水质?

养殖水体透明度表示光线透入池塘池水深浅的程度，单位用厘米表示，它是池塘池水质量好坏的重要标志，与养殖鱼虾产量的高低密切相关，且直接影响浮游生物的数量。透明度的大小通常由池水中浮游生物的多少决定，可以大致表示池水的肥度。

(1) 透明度的适宜范围 塘水的透明度一般在20～30厘米之间，透明度20厘米以下，池水过肥，甚至污染，藻类过多，易引起水质恶化，夜间藻类利用氧气呼吸，排出二氧化碳，与养殖品种争夺溶氧易引起缺氧或容易引起发病；透明度40厘米以上，池水过瘦，浮游植物过少，水体初级生产力不足。

（2）透明度的测量方法　生产上一般采用塞氏盘法测量透明度。取直径25厘米的铁皮圆盘，用油漆漆成黑白对半，中心穿一根绳子，测量时将铁皮圆盘垂直缓缓沉入水中，注视黑白颜色，直至刚好看不见为止。这时圆盘下沉的深度（浸入水中绳子的长度），就是水体的透明度。

（3）透明度的调节措施　瘦水或过肥水都不利于鱼类的生长，一般以合理施肥，来调节水体肥瘦。当水质瘦时要多施肥，以增加水体中的营养元素，培育浮游生物，使水体透明度达到适宜范围，以利鱼类生长；对过肥的池水则要少施或不施肥，或硫酸铜化水后全池泼洒，用量0.7毫克/升用以杀灭水体中过多的蓝绿藻类，并配合增施30～50千克/亩生石灰，使水质达到肥、爽、活、嫩的养殖要求。

101. 怎样利用水色判别水质?

在正常情况下，养鱼池塘水的颜色，是由水中溶解物质、悬浮颗粒、浮游生物等反映出来的。浮游植物细胞内含有不同的色素，当其种类和数量不同时，池水呈现不同的颜色与浓度。水色呈黄绿色、草绿色、油绿色、茶褐色且清爽，在养殖生产中称之为好水。

下列水色需要引起养殖者高度重视：水色呈蓝绿、灰绿而浑浊，表明水质已老化；水色呈黑褐色，表明水质较老且接近恶化；水色呈灰黄、橙黄而浑浊，表明水质恶化；水色呈灰白色，表明水质已经恶化，水体严重缺氧，往往存在泛塘的危险；水色呈淡红色，且颜色浓淡分布不匀，表明水体中的水蚤繁殖过多，藻类很少，水质较瘦；水色呈墨黑色或棕黑色是水质变坏的预兆，要采取加换水、施生石灰等措施改善。

102. 怎样控制氨氮、亚硝酸盐过高?

水体中存在的氨氮和亚硝酸盐对养殖的水产品具有一定的毒性，影响了水产品的品质，限制了水产养殖的可持续发展，特别是随着高密度工厂化养殖技术的推广，氨氮污染治理的需求日益突出。

(1) 氨氮、亚硝酸盐过高的产生原因 亚硝酸盐是氨转化为硝酸盐过程中的中间产物，在养殖水体中由于不合理的投饵留下残饵、水体中水生动物的大量排泄物累积、大量长期使用氮肥等不合理施肥方法、长期使用的消毒药剂残留、池底养殖密度过大、池底淤泥长时间不清除等原因，大量积累的氮素硝化过程受阻，致使养殖中水中氨氮和亚硝酸含量高。例如，残饵在水中分解会产生大量的氨和有毒物质，再经过亚硝化细菌和光合细菌的作用很快转化为亚硝酸，亚硝酸与一些金属离子结合后形成亚硝酸盐；池底淤泥造成水底缺氧，含氮有机物通过各种微生物的作用分解，分别以铵、亚硝酸盐、硝酸盐的形态（氨态氮、亚硝态氮、硝态氮）存在在水体中。

(2) 氨氮、亚硝酸盐过高对鱼类的危害 氨氮具有较高的脂溶性，很容易透过细胞膜直接引起鱼类中毒，使鱼群出现呼吸困难，分泌物增多并发生衰竭死亡。氨氮过高将抑制鱼类自身氨的排泄，使血液和组织中氨的浓度升高，降低血液载氧能力。氨氮过高还将引起鳃表皮细胞损伤而使鱼的免疫力降低。

亚硝酸盐浓度过高时，可通过鱼体表的渗透与吸收作用进入血液，使血液中的亚铁血红蛋白被氧化成高铁血红蛋白。由于高铁血红蛋白不能与氧结合，血液丧失载氧能力，造成养殖鱼类窒息死亡。

(3) 氨氮、亚硝酸盐过高的防治办法

① 提高饲料质量，降低饲料系数、减少残饵量、减少养殖鱼的氮排泄量。

② 严格防控生活、工业的富营养水进入养殖塘，适当种植浮萍、凤眼莲和水葫芦等水生植物，控制和降低富营养化程度。

③ 改善水质，增加底层溶氧，合理使用增氧机，经常清淤、换水。

④ 合理使用水质改良剂、“亚硝酸盐降解灵”等药物改善水质和降解亚硝酸盐。

103. 怎样控制蓝藻的暴发?

蓝藻是藻类生物，又叫蓝绿藻，是一种最原始、最古老的藻类植物。在一些营养丰富的水体中，蓝藻常于夏季大量繁殖，并在水面形成一层蓝绿色而有腥臭味的浮沫（称为“水华”），加剧水质恶化，对鱼类等水生动物，以及人、畜均有较大危害，严重时会造成鱼类的死亡。

（1）蓝藻暴发的原因 蓝藻的暴发与温度、养殖水体、有机磷等有关。常温条件下，蓝藻并不会大规模暴发，在 25～35 ℃时的水中，蓝藻的生长速度才会比其他藻类快。不经常换水的池塘容易使养殖水体富营养化，这也会导致蓝藻大规模生长。有机磷是蓝藻生长的必须因素，富含有机磷的水体中易发生。具体来讲有以下几个原因：

① 化肥流失：化肥是很多富营养化区域的主要养分来源。

② 生活污水：包括人类的生活废水和含磷清洁剂。

③ 畜禽养殖：畜禽的粪便含有大量营养物，如氮和磷，这些元素都能导致富营养化。

④ 工业污染：包括化肥厂和其他工业废水排放。

⑤ 蓝藻使水体缺氧，引起动物死亡，尸体分解是又消耗氧气，造成恶性循环。

（2）蓝藻暴发的危害 蓝藻暴发将严重破坏水体营养平衡，抑制其他藻类的生长；耗尽水中氧气，引起水质恶化；产生蓝藻毒素、羟胺等有毒物质使养殖动物食欲降低、免疫力下降、胃肠道疾病多发，患病几率大增，以致大量死亡；暴发蓝藻还将打乱生态平衡，有些种类（如微囊藻）会产生微囊藻毒素（MCs），量多时可直接造成鱼类中毒死亡，或通过食物链积累效应危害水产动物，甚至危害到人体。

(3) 蓝藻暴发的治理 蓝藻的治理，预防是关键。严格控制轮虫，枝角类等浮游动物的数量；用微生物制剂抑制蓝藻的繁殖；在施用微生物制剂的基础上，加大肥水力度，平衡水体营养元素，加快有益藻的繁殖。

① 在蓝藻暴发期间，请专业技术人员对进水源进行仔细检查后再进水。

② 捞除蓝藻，在刮风天气，在下风口，采用机械捞除的办法。

③ 循序渐进地降低水体 pH 到 7.0～7.5。

④ 调节池塘合适的氮磷比，通过施入有效溶解磷，利用池塘氮源，降低池塘富营养化。

⑤ 泼洒 0.7 毫克/升的硫酸铜、硫酸亚铁（5∶2）溶液等药物在藻团上，还可以向池中泼洒解毒药品如“水博士、解毒灵”，以缓解蓝藻的毒性。

⑥ 池塘增氧。

104. 怎样区分池塘泛塘和中毒?

泛塘是指池塘水中的含氧量不足，无法满足鱼类生存的最低溶氧量，发生鱼类大量死亡的现象。池塘鱼类中毒通常有三种情况：渔药中毒、农药中毒和水质变坏中毒，中毒的鱼一般也多表现为“缺氧浮头”和大量死亡。泛塘和中毒可从以下几方面区分判断。

(1) 发生的时间不同 池塘泛塘一般是发生雷阵雨的后半夜或长期阴雨绵绵或者高温时节的早晨，而中毒则可发生在任何时候。

(2) 发生的原因不同 泛塘的直接原因一般是受天气突变，间接原因多是日常管理不善；中毒的直接原因大多是人为投毒、距离化工厂出水口太近、水源上游有大型工厂乱排乱放等。

（3）鱼类表现症状不同　泛塘是鱼类均上浮水面作张嘴呼吸状，或在岸边呆住不动；中毒则是整个池塘或是池塘的某一个区域的所有鱼类均上浮水面，全身强烈震颤、痉挛或阵发性冲撞，随后失去平衡，仰游或滚动，慢慢沉入水底。

（4）抢救的效果不同　泛塘如投放增氧药物，及时打开增氧机、灌注新水等，一般可挽回大部分经济损失。中毒遭受的损失相对较大，一般无特效方法，只能立即灌注新水，降低池中有害物质的相对浓度。

第四章 苗种繁育

第一节 亲鱼选择

105. 怎样选择亲本?

(1) 亲本的概念 亲本是指已达到性成熟并能用于人工繁育的种鱼。后备亲本是指能够用来繁殖的亲鱼。

(2) 亲本的选择要点 用来繁殖的家鱼，其亲鱼不能随便从市场上选购，必须从原种基地引进原种后备亲鱼（或鱼种）。

① 年龄：作为繁殖用的亲鱼，必须达到性成熟年龄，生产上可取最小成熟年龄加 1 至 5 龄作为最佳繁育年龄。不同的品种有不同的体重要求，在达到性成熟年龄的前提下，体重越重越好。

② 体质：体质健壮，行动活泼，无病、无伤。

③ 雌雄比例：不同的品种要有不同的雌雄比例放入产卵池。如四大家鱼亲本选留的雌雄搭配比例一般应在 1∶1～1.5，即雄鱼略多于雌鱼；加州鲈的雌雄比例约为 4∶1；鲤雌雄比例按 1∶2 或 2∶3 配组。

④ 亲本来源：相同来源的亲本会导致繁殖间近亲交配，使种质资源退化，因此，要选用不同来源的亲本。养殖场必须定期引进原种后备亲鱼（或鱼种），杂交种不留作亲鱼，不繁育后代，以确保优良种质。

⑤ 后备亲本培育：在后备亲鱼的培养过程中，还必须按种质

标准对后备亲鱼作进一步的筛选，对不符合生产性能的亲鱼要及时淘汰，以获得稳定的具有优良性状的纯系。为了保持大量的有效群体，引进的后备亲鱼必须要有较大的数量，一般每种、每批至少在200尾以上（鱼种在1 000尾以上），使遗传基因在群体内起到互补作用。

106. 怎样辨别优质苗种?

常见家鱼鱼苗质量优劣鉴别方法如表4-1。

表4-1　常见家鱼鱼苗质量鉴别方法

鉴别方法	优质苗	劣质苗
体色	群体色素相同，无白色死苗，身体清洁，略带微黄色或稍红	群体色素不一致，为“花色苗，有白色死苗。鱼体拖带泥污，体色发黑带灰
游泳情况	在容器内，将水搅动产生漩涡，鱼苗在旋涡边缘逆水游泳	鱼苗大部分被卷入旋涡
抽样检查	在白瓷盘中，口吹水面，鱼苗在盆地剧烈挣扎，头尾弯曲成圆圈状	在白瓷盆中，口吹水面，鱼苗顺水游泳。倒掉水后，鱼苗在盆底挣扎力弱，头尾仅能扭动

107. 怎样辨别判断亲本是否达到性成熟?

鱼类性成熟年龄，因鱼种类和环境条件的不同而异。饵料充足，水体良好时，鱼的性成熟期可以提前，性成熟度也好；当饵料缺乏，水质不好时，鱼的性成熟推迟。内塘养殖由于饲料充足，水温相对较高，所以性成熟年龄会提前，一般提前1年左右。

（1）雌亲鱼　根据腹部的轮廓、弹性和柔软度来判断。腹部膨大、柔软略有弹性且生殖孔红润的亲鱼性腺发育良好。如性腺发育良好的鲢、鳙鱼，仰翻其腹部，能隐见肋骨，拾其尾部，隐约可见卵巢轮廓向前移动。

还可用挖卵器直接挖出卵粒观察其发育状况。

（2）雄亲鱼　性成熟好的雄鱼，用手轻挤生殖孔两侧，即有精液流出，入水即散。若流出的精液量少，入水后呈细线不散，说明还未完全成熟。若精液量少且很稀，带黄色，说明精巢已退化。

108. “四大家鱼”的性成熟年龄及体重分别是多少？

在同一水域中，年龄和体重在正常情况下存在正相关关系，即年龄越大，体重也越大；相反，年龄越小，体重也越小。但由于水域的地域气候、水质、饵料等因素的差异，同一鱼种在不同水域的生长速度就存在差异，达到性成熟的时候也不同，体重标准也不一致。雄鱼较雌鱼早成熟1年，内塘养殖比自然环境早成熟1年。在华南地区的自然条件下，鲢性成熟年龄2～3年，体重2千克左右；鳙性成熟年龄3～4年，体重5千克左右；草鱼性成熟年龄3～4年，体重4千克左右。华北（东北）地区自然条件下，鲢性成熟年龄5～6年，体重5千克左右；鳙性成熟年龄6～7年，体重10千克左右；草鱼性成熟年龄6～7年，体重6千克左右。

109. 怎样鉴别“四大家鱼”的雌雄？

“四大家鱼”雌雄的鉴别方法详见表4－2。

表4－2 “四大家鱼”雌雄的鉴别方法

品种	鲢	鳙	草 鱼	青 鱼
雄鱼特征	① 在胸鳍前面的几根鳍条上，特别在第一鳍条上明显的生有一排骨质的细小栉齿，用手抚摸，有粗糙、刺手感觉。这些栉齿生成后，不会消失 ② 腹部较小，性成熟时轻压精巢部位有精液从生殖孔流出	① 在胸鳍前面的几根鳍条上缘各生有向后倾斜的锋口，用手向前抚摸有割手感觉 ② 腹部较小，性成熟时轻压精巢部位有精液从生殖孔流出	① 胸鳍鳍条较粗大而狭长，自然张开呈尖刀形 ② 在生殖季节性腺发育良好时，胸鳍内侧及鳃盖上出现追星，用手抚摸有粗糙感觉 ③ 性成熟时轻压精巢部位有精液从生殖孔流出	基本同草鱼。在生殖季节性腺发育良好时除胸鳍内侧及鳃盖上出现追星外，头部也明显出现追星

（续）

品种	鲢	鳙	草 鱼	青 鱼
雌鱼特征	①只在胸鳍末梢很小部分才有这些栉齿，其余部分比较光滑 ②腹部大而柔软，泄殖孔常稍突出，有时微带红润	①胸鳍光滑，无割手感觉 ②腹部膨大柔软，泄殖孔常稍突出，有时稍带红润	①胸鳍鳍条较细短，自然张开略呈扇形 ②一般无追星，或在胸鳍上有少量追星 ③腹部比雄体膨大而柔软，但比鲢、鳙雌体一般较小	胸鳍光滑，无追星

110. 什么是鱼类怀卵量?

鱼类怀卵量是指一尾雌鱼在产卵前卵巢中可看到的成熟卵和在成熟中的卵子数量，怀卵量通常又分绝对怀卵量和相对怀卵量。绝对怀卵量是指每尾鱼怀卵总量（卵数/尾），相对怀卵量是指单位体重怀卵量（卵粒数/千克体重）。

鱼的繁殖力是以雌性鱼类怀卵量来确定的。鱼类的繁殖力很强，在一个生殖季节里，雌鱼可能排出的卵子的绝对和相对数量大得惊人，多达几万、几十万、上百万，甚至上千万粒。鱼类的怀卵量与其种类、性腺的成熟度、年龄、体重、生存环境等因子有关。如一条10千克重的草鱼怀卵量约在100万粒，鲤鱼怀卵量一般为20万～30万粒，体重7千克的鲤怀卵量可达200万粒，白鲢怀卵量20万～80万粒，鲫1万～11万粒，鳙20万～100万粒。

111. 怎样计算鱼的个体绝对怀卵量?

（1）个数法　鲑、鳟鱼等卵粒较大、数量较少的鱼类可以直接采用计数的方法得出个体绝对怀卵量。

（2）重量法　取发育期为IV期的卵巢，根据卵粒大水和整个卵巢的重量，从卵巢不同部位取样，用组织固定液固定，计数可能产出的卵子数量，用比例法推算出整个卵巢的卵粒数。

计算公式：$E=(W-W'/w)\times e$

式中：E——绝对怀卵量（粒）；

W——卵巢重；

W'——卵巢膜重；

w——样品重；

e——样品中卵粒数。

(3) 体积法 采用排水法测定卵巢体积，以局部卵巢体积与整个卵巢体积之比，乘以局部卵巢中的卵粒数，求得整个卵巢的卵粒数。

计算公式：$E=(V/v)\times e$

式中：E——绝对怀卵量（粒）；

V——卵巢体积；

v——样品体积；

e——样品中卵粒数。

(4) 利比士法 也称浮游生物法。

计算公式：$E=(V/v)\times e$

式中：V——卵液体积；

v——样品卵液体积；

e——样品中卵粒数。

112. 亲鱼培育池的建设要求有哪些?

(1) 位置 亲鱼培育池要靠近水源，水质良好，注排水方便；环境开阔向阳，交通便利。亲鱼培育池与产卵池、孵化场所相距不能太远。水质肥沃，保水力强的池塘宜作为鲢、鳙的培育池；水质瘠瘦，有些微流水的池塘，宜作为草鱼和青鱼的培育池。

(2) 面积 鱼池面积一般 3～4 亩，长方形为好，池底平坦，便于饲养和捕捞。面积过大，水质不易掌握。如果池大鱼多，往往只能分批催产，多次拉网捕鱼会影响催产效果。

（3）水深　1.5～2米为宜。

（4）底质　有良好的保水性，池底平坦，便于捕捞。鲢、鳙鱼池以壤土并捎带一些淤泥为佳，草鱼、亲鱼池以沙壤土为好，鲮鱼池以沙壤土稍有淤泥较好。

113. 怎样做好亲本管理？

（1）产后及秋季培育　亲鱼产后要及时做好消毒处理。产后由于体力损耗很大，需经过几天在清水水质中暂养后，给予充足的营养，使其体力迅速恢复。多加注新水，防止水质变坏或过肥，防止池塘缺氧。抓好饲养管理，促进性腺后阶段的发育，让亲鱼在入冬前有较多脂肪贮存。

（2）冬季培育和越冬管理　入冬后，水温5℃以上，鱼还在摄食，应适量投喂饵料和施以肥料，以维持亲鱼体质健壮，不使落膘。及时加注新水，按需适时对池塘消毒，做好管理工作。

（3）春季和产前培育　亲鱼越冬后，体内积蓄的脂肪大部分转化到性腺，随着水温逐渐上升，鱼类摄食逐渐旺盛，同时又是性腺迅速发育的时期，需投喂精饲料，催产前半个月到20天可经常加注新水，以促进性腺发育。

第二节　繁殖催产

114. 什么是鱼人工繁殖技术？

根据鱼类自然繁殖习性，在人为条件下控制鱼类发育、成熟、产卵和孵化的技术措施称为人工繁殖技术。按亲鱼来源于天然水域或人工培育，可分为半人工繁殖和全人工繁殖。前者受捕捞水域和季节的限制性大，生产不稳定；后者从亲鱼培育至鱼苗孵出都在人工控制下进行，可有计划地大量生产鱼苗。

达到性腺发育成熟的青鱼、草鱼、鲢、鳙、长春鳊等养殖鱼类，自然状态下，必须经生殖洄游到它们的产卵场产卵，而在静水池塘里的这些鱼类，只有通过人工注射催产剂，才能产卵。鲤鱼、鲫鱼、鲂鱼等养殖鱼类，在池塘条件中能自行产卵，但有时为了获得一定批量的受精卵，充分发挥鱼池或孵化设备的周转效率，更经济地利用养殖鱼类的繁殖季节，安排好各种养殖鱼类的繁育生产，育出种类齐全的苗种，也常使用催产剂催产。

115. 人工繁殖需要注意哪些问题？

（1）产前培育 加强产前培育，保证亲本性腺发育良好。产前培育应以青饲料为主，并辅投有利于性腺发育的谷芽、麦芽等。产前1个月内，应定期冲水刺激性腺成熟。

（2）亲本选择 选择成熟度较好的亲本在适宜温度条件下催产。亲本随着性腺发育趋于成熟，食量会逐渐减少，一旦水温稳定在18℃以上时，即可起捕已达性成熟的亲本进行人工催产。雌鱼卵巢轮廓明显、腹部柔软有弹性、腹部向上时腹中线下凹，雄鱼轻压腹部有少量白色精液流出，可判断为已经成熟。未成熟的亲本不能用于催产，必须继续培育。

（3）合理应用催产剂 催产剂主要有绒毛膜促性腺激素（HCG）、促黄体素释放激素类似物（LRH－A）、马来酸地欧酮（DOM）等，可根据使用说明及历年催产经验配制成合理剂量进行催产。雌鱼通常为2针注射，雄鱼为1针注射。严禁用高剂量强行催产，以防种鱼损伤及生产不合格苗种。

（4）合理选择人工授精 选择人工授精或自然产卵主要根据产卵池的设计、人手配备、种鱼性比、水温等具体情况而定。如产卵池集卵不便、人手较少、雌雄比为1∶1或雄鱼较多、水温适宜时，可选用自然产卵，否则就采用人工授精，以获得较高的受精率。

(5) 孵化管理　孵化设备如孵化桶、孵化环道应设计合理，严防出现死角。水质和水温适宜、富含溶氧，滤除大型浮游动物如枝角类和桡足类等敌害，及时洗刷滤网，以防逸苗。根据不同发育时期调节水流大小，如出膜后由于浮力减小，应加大水流，而随着鱼苗游泳能力增强，应逐渐减小水流，以防鱼苗顶水消耗体力。

(6) 出苗时期　把握适宜出苗时期，及时出苗。鱼苗在孵化设备内培育达到平游期后，应及时出苗，进行池塘培育，否则将因卵黄耗尽后不能及时摄食开口饵料，导致大量死亡。

116. 人工授精的方法是什么?

人工授精是指通过人为的措施，使精子和卵子混合在一起而完成授精过程的方法。家鱼人工授精方法有干法、半干法和湿法 3 种。

(1) 干法人工授精　首先分别用鱼担架装好雌、雄鱼，沥去带水．并用毛巾擦去鱼体表和担架上的余水。先挤卵入擦净水的面盆中（“四大家鱼”）或大碗（鲤鱼、鲫鱼、团头鲂等）内，紧接着挤入数滴精液，并用手搅拌均匀。对于“四大家鱼”卵，随即向盆内加入清水，搅动 2～3 分钟使卵受精，最后漂洗几次或直接倒入孵化器孵化；对于鲤鱼、鲫鱼、团头鲂卵，则用黄泥浆脱黏孵化，或撒入鱼巢孵化。

(2) 半干法授精　与干法的不同点在于，将雄鱼精液挤入或用吸管由肛门处吸取加入盛有适量 0.85%生理盐水的烧杯或小瓶中稀释，然后倒入盛有鱼卵的盆中搅拌均匀，最后加清水再搅拌 2～3 分钟促使卵受精。

(3) 湿法授精　将鱼卵与精液同时挤入盛有清水的盆内，边挤边搅拌，使鱼卵受精。该法不适合黏性卵，特别是黏性强的鱼卵不宜采用。

117. 怎样选择催产激素?

(1) 人工催产激素的种类　目前用于鱼类繁殖的催产剂主要有

绒毛膜促性腺激素（HCG）、鱼类脑垂体（PG）、促黄体素释放激素类似物（LRH-A）等。

（2）人工催产激素的选用 促黄体素释放激素类似物、垂体、绒毛膜促性腺激素等，都可用于鲢、鳙、鲤、鲫、鲂、鳊、青鱼、草鱼等主要养殖鱼类的催产，但对不同的鱼类，其实际催产效果各不相同。

① 垂体对多种养殖鱼类的催产效果都很好，并有显著的催熟作用。在水温较低的催产早期，或亲鱼一年催产两次时，使用垂体的催产效果比绒毛膜促性腺激素好，但若使用不当，常易出现难产。

② 绒毛膜促性腺激素对鲢、鳙的催产效果与脑垂体相同。催熟作用不及垂体和释放激素类似物。催产草鱼时，单用效果不佳。

③ 促黄体素释放激素类似物对鲢、鳙、草鱼、青鱼等多种养殖鱼类的催熟和催产效果都很好，草鱼对其尤为敏感。对已经催产过几次的鲢、鳙，效果不及绒毛膜促性腺激素和脑垂体。对鲤、鲫、鲂、鳊等鱼类的有效剂量也较草鱼大。促黄体素释放激素类似物为小分子物质，副作用小，并可人工合成，药源丰富，现已成为主要的催产剂。上述几种激素互相混合使用，可以提高催产率，且效应时间短、稳定，不易发生半产和难产。

118. 为什么鲤鱼繁殖也要注射催产激素？

与四大家鱼不同，鲤鱼在池塘养殖条件下，只要环境生态因子适宜，亲鱼发育良好，即使不注射催产激素，也可自行在池塘中产卵繁殖。但这样的自然繁殖方式，由于雌鱼性腺发育程度存在差异，导致成熟有先有后，因而产卵期也有先后之分，收获的苗会有大有小，规格不统一，在一定时间内，苗的数量也无法控制。通过给发育良好的亲鱼注射催产激素，则能使这些亲鱼的性腺发育同步，从而使雌鱼能在相近的一段时间内同时产卵，获得大批的鱼苗。

119. 为什么鲤鱼催产时注射 LRH－A 的效应时间要比注射 PG 或 HCG 的长？

人工催产的生物学原理，是采用生理、生态相结合的方法，对鱼体直接注射催产激素（PG、HCG 或 LRH－A 等），代替鱼体自身垂体分泌促性腺激素的作用，或者代替自身下丘脑释放 LRH 的作用，由它来触发垂体分泌促性腺激素，从而促使卵母细胞成熟和产卵。在鱼类催产激素中，垂体和 HCG 的主要成分是 FSH 和 LH，它们进入鱼类血液循环后，直接作用于鲤鱼的性腺，促进性腺发育成熟、产卵；而 LRHA 的作用器官是鲤鱼的脑下垂体，它刺激脑下垂体分泌卵泡生成激素（FSH）和黄体生成激素（LH），再通过血液循环作用于鲤鱼的性腺，促进其成熟、产卵。这样，LRH－A 的作用时间就要长一些。所以，注射 LRH－A 后的效应时间，就要比注射垂体或 HCG 的长。

120. 怎样提高鲢、鳙的受精率？

（1）受精率低的原因　鲢、鳙亲鱼有时能产卵但不受精，原因是多方面的：来自雌鱼方面是性腺发育脱节，在外源激素的作用下，能够排卵，但产出的卵没有受精能力；来自雄鱼方面是精液数量少、质量差，或虽然精液量多，但质量差，遇水不散，死精，没有受精能力；或因水温偏高，注射方法不当，雌、雄亲鱼成熟不同步等。此外，还可因亲鱼受伤过重，特别是雄鱼，没有能力默契配合，从而卵不能受精。

（2）提高受精率的措施　要保证受精率，即选择体质强壮的亲鱼，要做好亲鱼的产前培育，选择成熟度较好的亲本在适宜的温度下催产，产卵后做好卵子护理，严防暴晒，防止污物进入，保持水质清新、溶氧充足、水温稳定。

121. 怎样解决鲢、鳙人工催产时雌雄鱼性腺成熟不同步的问题?

在鲢、鳙人工催产中，易发生雌、雄鱼性腺成熟不同步问题，特别是在水温偏高的情况下。雌、雄鱼性腺成熟不同步，引起鱼卵受精率极低，甚至完全不受精。解决办法：一是加强产前培育，保证亲本性腺发育良好，选择成熟度较好的亲本；二是要在适宜温度条件下催产，催产水温20～28℃，最适水温22～26℃；三是合理应用催产剂，当一次注射不成功时，可选择二次、三次注射。

122. 怎样解决鲢人工催产繁殖后易死亡的问题?

(1) 产生原因 鲢人工催产繁殖后易死亡，究其原因，一是鲢性情活泼，喜欢跳跃，在催产池中经常碰壁，尤其是拉网次数多，反复检查亲鱼发育情况时更易发生，导致鱼体受伤严重。二是催产药物剂量偏高、水温偏高、雌鱼难产、亲鱼体质差等也是导致鲢人工催产后死亡的原因。

(2) 解决措施

① 选择成熟度较好的亲本在适宜的温度下催产，未成熟的亲本不能用于催产，必须继续培育。

② 合理使用催产剂，严禁用高剂量强行催产，以防鱼种损伤及生产不合格苗种。

③ 产中操作要仔细小心，防止亲鱼受伤。

④ 做好产后护理工作，加强防病措施，对受伤亲鱼及时消毒，进行伤口涂药和注射抗菌药物，同时要多加新水、勤加新水，防止感染。

123. 鱼卵怎样脱黏?

鲤、鲫、团头鲂等鱼类产的是黏性卵，其受精需经过脱黏处理才可孵化。

（1）清水机械脱黏　将500克的受精卵加水100～150毫升，用人工或机械带动羽毛，仔细地搅动1分钟后，再加水0.5升，并迅速搅拌2～3分钟，第三次加水1～1.5升，继续搅动2～30分钟，即可将黏性脱去。用此法脱黏可以避免脱黏剂颗粒对卵膜的损伤，可减少水霉菌的感染，是目前较好的一种黏性卵脱黏法。

（2）滑石粉脱黏　将100克滑石粉（即硅酸镁）和20～25克食盐放入10升水中，搅拌成混合悬浮液。一边向悬浮液中慢慢倒入1～1.5千克受精卵，一边用羽毛缓慢地搅动。半小时后，鱼卵用清水洗1次，即可放入孵化器中进行孵化。

（3）尿素脱黏　脱黏时将鱼卵先加入相当于卵量1.5倍的一号脱黏液（每升水中加尿素3克和食盐4克）中，用羽毛搅动1.5～2小时后，去掉脱黏液再加入相当于受精卵10倍的二号脱黏液（每升水中加8.5克尿素），每相隔15分钟搅拌1次，经2～3小时后用清水洗1次鱼卵，然后再进行孵化。此法脱黏时间过长。

（4）泥浆脱黏　先用黄泥土和成稀泥浆水，然后将受精卵缓慢倒入泥浆水中，搅动泥浆水，使鱼卵均匀地分布在泥浆水中。经3～5分钟的搅拌脱黏后，移入网箱中洗去泥浆，即可放入孵化器中孵化。

124. 怎样设计催产池？

催产池是亲鱼产卵的专用池。其结构分为主体池、集卵池和分卵池。各部分均以钢筋混凝土、砖混结构建造。

（1）主体池　圆形，直径8～10米，深1.2米左右，池底呈浅锅底形，容量50米^{3}左右。在主体池池壁水面下有45°角的进水管口（直径100毫米），池中央有一出水管口（直径150毫米），口上装有40厘米×40厘米的拦鱼栅。

（2）集卵池　长方形（1.5米×2.5米），深1.5米左右，连接主体池，一端底部有进水兼进卵管口（直径150毫米），并与主体池中央出水管口相通；另一端紧靠水面以下有一排水、排卵管口

（直径 100 毫米），并与分卵池相连，上、下两管口以袖网相接，输送鱼卵；也可使袖网与小网箱相接收卵。在池后端一角紧靠水面有一溢水口管（直径 150 毫米），溢水口管对集卵池和主体池起恒定水位作用，口管以下与底部排水、排污管口相通，并通过阀门进行排水、排污和止水。

（3）分卵池　紧接集卵池，下与孵化环道相连。当鱼卵集中输入分卵池后，再根据预先安排输送到某一环道进行孵化。分卵池较小，宽、深仅 30～40 厘米，长度与集卵池的宽度相同，并处在同一平面上。底部依孵化环道的环数分布有同数的洞口（直径 100 毫米），上加盖，控制鱼卵进到某环。洞口以下通过管道（直径 100 毫米）与对应的孵化环道相连通。

如果催产池中的鱼卵不直接进入孵化环道，而是另行收集放入其他孵化器孵化，则集卵池中的袖网不与分卵池的管口对接，而与收卵小网箱对接收卵。

125. 怎样选择不同鱼类孵化设施?

（1）常见孵化设施　鱼苗孵化设施的种类很多，传统的孵化设施主要有孵化桶（缸）、孵化环道和孵化槽等，也有矩形孵化装置和玻璃钢小型孵化环道以及新型自动孵化设施系统等。

① 孵化桶：指用于鱼类等水产动物受精卵人工孵化的桶状流水器具。孵化桶常用白铁皮、塑料或钢筋水泥制成，大小根据需要而定。

② 孵化环道：指道用于孵化水产动物卵的圆环形或椭圆环形的流水设施。孵化环道是用水泥或砖砌成的环形水池，大小根据生产规模而定。

③ 孵化槽：指用砖（石）和水泥砌成的一种用于孵化水产动物受精卵长方形水槽。槽底装三只鸭嘴喷头进水，在槽内形成上下环流。

（2）孵化设施的选择　孵化设施如孵化桶、缸、槽和孵化环道

（图4－1至图4－3）等都是根据家鱼鱼卵的特性，并满足胚胎发育的必要条件而选择的，从而提高鱼卵的孵化率和鱼苗出苗率。四大家鱼、鳊等漂浮性卵和鲤、鲫、鲇、团头鲂、细鳞斜颌鲴等黏性卵脱黏后采用流水式孵化法，孵化工具采用孵化环道、孵化槽、孵化桶或孵化缸。鳜鱼等产浮性卵的鱼类常采用混凝土池、塑钢水槽、网箱等孵化工具孵化鱼卵。鲟、鳇、虹鳟等产沉性卵的鱼类常采用木质或金属制孵化槽和孵化筒孵化。

图4－1 孵化桶

图4－2 圆形孵化环道

图4－3 孵化槽

126. 提高鱼卵的孵化率的措施有哪些？

鱼类产卵后放任不管，任其自然孵化，达不到理想的出苗效果。必须根据受精卵胚胎发育的生理、生态特点。创造适宜的孵化条件，进行细致的管理工作，使胚胎正常发育，以提高出苗率。

(1) 消除敌害 水里的鱼卵好比陆上的鸡蛋，营养丰富，容易成为许多水生动物的饵料，容易受到侵袭和残害。例如，水里的小鱼、虾都是危害鱼卵的主要凶手，甚至水中各种昆虫、大型水蚤等大型浮游动物都可危害鱼卵。鱼卵在孵化过程中，如果水体消毒不好，除害不彻底，水霉菌感染，在卵上会产生水霉，致鱼卵死亡。因此，要注意消灭鱼卵的敌害，严格清塘，进水时要过滤。在孵化过程中要注意先将鱼卵消毒，建议使用浓度为3%～5%的食盐溶液，浸泡鱼巢3～5分钟后将鱼巢放入水中或室内架子上进行孵化。

(2) 卵子护理 一般淡水鱼从鱼卵产下到孵出小鱼需要3～7天，水温越低，孵化时间越长。当平均水温为15～20℃时，孵化天数为5～7天；平均水温为20℃时，孵化天数为4～5天；平均水温为20～25℃时，孵化天数为只需2～3天。

① 严防卵子暴晒，防止污物进入催产池和孵化池，保持水质新鲜，水温稳定。由于鱼的种类不同，孵化需要的温度也不同，依品种灵活掌握。

② 胚胎发育过程中要呼吸氧，尾芽出现后需要大量的氧，仔鱼期更需要氧气。无论室内干孵或室外池孵都要注意供给充足的氧气，在池中孵化时，最好增加微流水，冲动鱼巢，流水增氧。

(3) 日常管理

① 不同孵化槽配备专用投喂桶、清槽桶和吸管，场内配备专用消毒槽，所有用具使用完毕立即放入消毒槽内消毒，冲洗干净后待下次使用，不同孵化槽用具不能交叉混用，防止疫病交叉感染。

② 每天对各孵化槽鱼苗抽样镜检并做好记录，如果发现体表有寄生虫或游动异常的鱼苗，及时进行原因排查。根据水温变化及时清理各槽滋生的藻类，防止有害寄生虫病的发生，每天都要对孵化进水进行过滤后使用，连续雨天，可以增加过滤层数，减少泥沙排入量，尤其注意夜间进水管不要堵塞。

③ 根据生产情况制定投喂计划。主要食物有藻类和蛋黄，藻

类个体比轮虫小，适合在鱼苗开口初期作为开口饵料使用，随着鱼苗的生长，口裂变宽，轮虫则成为其最适合的饵料。蛋黄是一种常用的鱼苗开口饵料，生产中可将蛋黄经 80 目筛绢过滤，使蛋黄颗粒变小，使其在水中呈雾状均匀分布，可使悬浮时间保持在 1 小时左右，如果控制投饵量在适当的范围内，蛋黄可以较好地被鱼苗摄食。但需要注意的是，蛋黄饵料易沉降、散失，入水后易造成水质败坏，致使鱼苗生长慢，存活率低。

第三节　鱼苗培育

127. 什么是水花和夏花?

（1）水花　从鱼类受精卵刚孵出，直至吸收完卵黄囊的营养物质的小鱼。体长 8～9 毫米，大头针尖粗细，能自由平游，活动力较强，适合长途运输，这期间的鱼苗称之为水花。

（2）夏花　是指由鱼卵孵化出膜后，经 18～22 天，培养成 3 厘米左右的稚鱼，由于此时正值夏季，故通称夏花。

养殖户在购买鱼苗时应了解亲鱼的质量、产卵日期和孵化时间，挑选体质强健的鱼苗购买。

128. 水花怎样下塘?

（1）水质检查　一般认为，鱼苗下塘时池水以黄绿、浅黄或灰白色为好。鱼苗下塘前后，每天用低倍显微镜观察池水轮虫的种类和数量，如发现水中有大量滤食性的臂尾轮虫等，说明此时正值轮虫高峰期；如果发现水中有大量肉食性的晶囊轮虫，说明轮虫高峰期即将结束，需要全池泼洒腐熟的有机肥，一般每亩泼洒 50～150 千克。

（2）肥水下塘　为确保鱼苗在轮虫高峰期下塘，培育池施基肥的时间，一般在鱼苗下塘前3～7天在培育池施基肥，具体时间要看天气和水温而定，不能过早也不宜过迟。有机肥每亩投放50～150千克。

(3) 饱食下塘 鱼苗经暂养后，用蛋黄水喂饱，肉眼可见鱼体有一条白线后，方可下塘。蛋需在沸水中煮1小时以上，越老越好，以蛋白起泡者为佳。取蛋黄掰成数块，用双层纱布包裹后，在脸盆内漂洗（不能用手捏出）出蛋黄水，淋洒于育苗箱内。一般一个蛋黄可提供10万尾鱼苗摄食。

(4) 加强管理 选择良好的池塘，重视整塘，彻底清塘，确保鱼苗在轮虫高峰期下塘，做好鱼苗接运工作，暂养鱼苗，调节温差，饱食下塘，合理密养，分期注水等日常管理工作。

129. 怎样确定水花放养密度?

一般鱼苗养至夏花，每亩放养8万～15万尾。具体的数量随培育池的条件、饵料、肥料的质量、鱼苗的种类和饲养技术等有所变动。如池塘条件好，饵料肥料量多质好，饲养技术水平高，放养密度可偏大一些，否则就要小些。一般青鱼、草鱼密度偏稀，鲢、鳙鱼苗可适当密一些，鲮鱼苗可以更密一些。

130. 怎样进行拉网锻炼?

(1) 什么是拉网锻炼 鱼苗下塘16～20天后，通过拉网来驱赶、惊吓、密集夏花鱼苗，用以增强夏花鱼苗体质，提高耐低氧和适应环境的能力，从而提高夏花出塘率和运输成活率的一项技术措施称为拉网锻炼。

(2) 拉网锻炼的目的 拉网使鱼受惊，增加运动量，增强鱼的体质，提高分塘和运输成活率；鱼苗密集，局部低氧，拉网增加耐缺氧的能力；拉网密集刺激鱼苗分泌大量黏液和排出粪便；拉网进行鱼苗计数，淘汰病弱苗，去除野杂鱼。

(3) 拉网锻炼的操作方法 第一网，用密布网将鱼围入网中，观察鱼的数量及生长情况，使鱼在半离水状态密集10～20秒后，立即放回池中；第二网，隔一天再拉第二网，将鱼围集后，移入网箱密集约2小时后放回池中，注意防止缺氧。若要长途运输，需进行第三次拉网，拉起后在瘦水池中过夜，第二天装袋运输。

（4）拉网锻炼的注意事项　拉网前应清除池中杂草、污物，若发现池中有青泥苔需用药物杀灭后拉网，边推边捞出箱中的杂草和污物。拉网宜在上午9:00～10:00进行，如遇天气不正常及鱼类浮头时不能拉网。待加强培育后鱼体健壮时再拉网锻炼。拉网当日上午不喂食，待鱼放回池后再喂。拉网人员技术要熟练，操作要相互配合，协调一致。

131. 怎样分塘？

（1）什么是分塘　将一口塘中的鱼按大小分到不同池塘进行养殖称为分塘。鱼苗经过18～22天的饲养，体长达3～4厘米时即成夏花鱼种，因食性、栖息习性的不同，对面积、水深、水质等环境要求也不一样，随着鱼体的增长，此时应分塘饲养。

（2）分塘的目的　鱼的生活习性不同，分塘有利于各种鱼类在相同饲料成本的条件下，具有最快的成长速度，防止出现不同种类的鱼互相残杀的现象，也有助于提高鱼的繁殖率，优化种群的数量。分塘也有利于分阶段饲养，鱼苗期间有的体壮抢食厉害，有的个小争食不过大苗，大的会越来越大，小的越来越小，最后甚至瘦死。

（3）分塘的操作要点　夏花分塘时需要全面规划，合理布局，要根据饲养时间长短、密度及饵料，池塘管理的优劣，以及生产实际需要等情况决定。一般密度大、饵料少、饲养粗糙、混养的鱼苗应提早分塘。早期和4月底左右生产的鱼类体质好、生产快，可在5月20～25日分塘；5月初或中旬生产的鱼苗，则在6月10～15日才能分塘。分塘后，一般不直接养成食用鱼，而在当年培育成春片鱼种。

第五章 饲料与投喂

第一节 饲 料

132. 饲料和饵料有什么区别?

饲料，是所有人工饲养动物的食物的总称。比较狭义地讲，饲料主要指的是渔业或畜牧业饲养动物的食物。水产养殖所指的饲料主要是直接用于水产动物养殖饲喂的饲料，相对于畜禽动物，水产养殖动物存在消化道结构简单、生活环境在水体中的差别，水产饲料具有原料粉碎细度更细，饲料颗粒水中稳定性更高，饲料形状必须为颗粒或糜状，营养需求高蛋白、低淀粉等特点，同时要满足饲料卫生指标的要求。

饵料和饲料在水产养殖行业是同义词，饵料主要指未经人为加工的供动物食用的食物，如浮游生物、细菌、底栖生物、周丛生物、水生维管束植物和禾本科植物和有机碎屑等。饲料是经人为加工而成的动物食物。

133. 饲料有哪些种类?

根据饲料的组成可以分为青绿饲料（青草、农作物茎叶等）、单一来源饲料（豆类、油类作物种子及其深加工后的副产品，如玉米、米糠、麦麸、豆饼、花生饼、棉籽饼、菜籽饼等）和人工配合饲料。人工配合饲料根据加工方式可以分为粉状饲料、破碎饲料、颗粒饲料和膨化饲料等。按其在水中的表现形式可以分为沉性料、半沉性料和漂浮料等。按其使用阶段可分为亲鱼料、苗种料和成鱼料等。按其功能可分为生长料、药饵料和功能性饲料等。根据养殖水域可分为海水鱼料和淡水鱼料。按照饲喂对象可分为常规水产饲料（如：草鱼料、鲤鱼料、鲫鱼料、青鱼料等）和特种水产饲料（如：甲鱼料、虾蟹料、蛙料等）。

134. 怎样选择饲料？

饲料的选择应充分考虑养殖水产动物的饲养品种、生长阶段、营养需求、饲养模式、气温水温条件和养殖场经营规划等实际情况。

水产动物的饲养品种、生长阶段、营养需求参考饲料行业现行国家标准和行业标准来选择适配饲料。

(1) 草鱼配合饲料（SC/T 1024—2002）　草鱼配合颗粒饲料分鱼苗饲料、鱼种饲料、食用鱼饲料三种。

① 各种配合饲料的喂养对象见表 5-1。

表 5-1　各种配合饲料的相应喂养对象（克）

产品类别	鱼苗饲料	鱼种饲料	食用鱼饲料
喂养对象的体重	<2.1	2.1～150	>150

② 草鱼配合饲料产品规格见表 5-2。

表 5-2　草鱼配合饲料产品规格（毫米）

产品类别	鱼苗饲料			鱼种饲料			食用鱼饲料		
编号	C_1	C_2	C_3	P_1	P_2	P_3	P_4	P_5	P_6
粒径	0.15～0.45	0.5～1.2	1.3～2.0	2.5	3.0	3.5	4.0	5.0	6.0

注：C 为细粒状或不规则细粒状；P 为颗粒状，颗粒饲料的长度为粒径的 1～2 倍。

③ 物理指标应符合表 5-3 的要求。

表 5-3 草鱼配合饲料的物理指标

项　目		指　标
感官指标		色泽一致，大小均匀，无发酵霉变、结块或异味，无虫滋生
混合均匀度（CV）/（%）		≤10.0
颗粒饲料水中稳定性（溶失率）（%）	鱼苗饲料（水中浸泡 5 分钟）	≤20.0
	鱼种饲料（水中浸泡 5 分钟）	≤10.0
	食用苗饲料（水中浸泡 5 分钟）	≤10.0
颗粒饲料粉化率（%）	鱼苗饲料	≤10.0
	鱼种饲料	≤4.0
	食用鱼饲料	≤4.0
原料粉碎粒度（筛上物）（%）	鱼苗饲料（筛孔尺寸 0.250 毫米）	≤15.0
	鱼种饲料（筛孔尺寸 0.355 毫米）	≤10.0
	食用鱼饲料（筛孔尺寸 0.500 毫米）	≤10.0

④ 主要营养成分指标应符合表 5-4 的要求。

表 5-4 草鱼配合饲料的主要营养成分指标（%）

项　目	水分	粗蛋白	粗脂肪	粗纤维	粗灰分	含硫氨基酸[a]	赖氨酸	总磷
鱼苗饲料	≤12.5	≥38	≥4	≤5	≤16	≥1.4	≥2.4	≥1.0
鱼种饲料	≤12.5	≥30	≥4	≤8	≤13	≥0.9	≥1.5	≥1.0
食用鱼饲料	≤12.5	≥25	≥4	≤12	≤12	≥0.7	≥1.25	≥0.9

a 含硫氨基酸为蛋氨酸和胱氨酸。

⑤ 其他营养成含量推荐表，见草鱼配合饲料（SC/T 1024—2002）

(2) 鲤配合饲料（SC/T 1026—2002）

① 配合饲料产品规格与分类应符合表 5-5 的要求。

表 5－5　配合饲料产品规格与分类

产品分类	鲤鱼体重（克）	配合饲料粒径（毫米）	配合饲料粒长（毫米）
鱼种前期饲料	≤10	0.5～1.5	破碎料
鱼种后期饲料	10～100	1.5～3	为粒径的 1～3 倍
成鱼前期饲料	100～250	3～4	为粒径的 1～3 倍
成鱼后期饲料	≥250	4～6	为粒径的 1～3 倍

注：圆柱形颗粒配合饲料的规格包括粒径和粒长，圆球形颗粒配合饲料（膨化料）的规格只计粒径。

② 加工质量指标应符合表 5－6 的规定。

表 5－6　饲料加工质量指标（%）

<table>
<tr><th colspan="2" rowspan="2">项　　目</th><th colspan="4">产 品 种 类</th></tr>
<tr><th colspan="2">鱼种饲料</th><th colspan="2">成鱼饲料</th></tr>
<tr><td colspan="2" rowspan="2">原料粉碎粒度（筛上物）</td><td>0.425 毫米筛孔试验筛</td><td>≤1</td><td>0.600 毫米筛孔试验筛</td><td>≤1</td></tr>
<tr><td>0.250 毫米筛孔试验筛</td><td>≤10</td><td>0.425 毫米筛孔试验筛</td><td>≤10</td></tr>
<tr><td rowspan="2">混合均匀度（变异系数）</td><td>粉料</td><td colspan="2">≤10</td><td colspan="2">≤10</td></tr>
<tr><td>预混合料添加剂</td><td colspan="2">≤5</td><td colspan="2">≤5</td></tr>
<tr><td rowspan="2">水中稳定性（溶失率）</td><td>颗粒饲料</td><td colspan="2">≤10（水中浸泡 5 分钟）</td><td colspan="2">≤10（水中浸泡 5 分钟）</td></tr>
<tr><td>膨化饲料</td><td colspan="2">≤10（水中浸泡 20 分钟）</td><td colspan="2">≤10（水中浸泡 20 分钟）</td></tr>
<tr><td rowspan="2">颗粒粉化率</td><td>颗粒饲料</td><td rowspan="2">0.425 毫米筛孔试验筛</td><td>≤2</td><td rowspan="2">0.600 毫米筛孔试验筛</td><td>≤3</td></tr>
<tr><td>膨化饲料</td><td>≤1</td><td>≤1</td></tr>
<tr><td colspan="2">水 分</td><td colspan="4">≤12</td></tr>
</table>

③ 主要营养成分指标应符合表 5－7 的规定。

表 5－7　主要营养成分指标（%）

项　　目	产 品 种 类		
	鱼种前期饲料	鱼种后期饲料	成鱼饲料
粗蛋白	≥38	≥31	≥30
粗脂肪	≥7	≥5	≥4
粗纤维	≤4	≤8	≤10

（续）

项　　目	产品种类		
	鱼种前期饲料	鱼种后期饲料	成鱼饲料
粗灰分	≤12	≤14	≤14
氯化钠	≤2		
钙	≥2.5	≥2.2	2～4
总磷	≥1.4	≥1.2	≥1.1
赖氨酸	≥2.2	≥2.0	≥1.5
蛋氨酸	≥1.0	≥0.8	≥0.6

④ 其他营养成分只有在有要求时才作为考核指标，见鲤鱼配合饲料（SC/T 1026—2002）。

(3) 罗非鱼配合饲料（SC/T 1025—2004）

① 罗非鱼配合饲料分为鱼苗饲料、鱼种饲料和食用鱼饲料 3 种，其分类与规格应符合表 5-8 的要求。

表 5-8　产品分类与规格

产品分类	适用对象体重（克）	编　　号			规格（粒径，毫米）
		S[a]	K[b]	P[c]	
鱼苗饲料	<0.3	0	—	—	0.3～0.6
	0.3～1.0	1	—	—	0.6～1.0
	1.0～1.5	2	1	1	1.0～1.5
鱼种饲料	1.5～50	—	2	2	1.5～2.0
		—	3	3	2.0～3.0
食用鱼饲料	50～250	—	4	4	3.0～3.5
	>250	—	5	5	4.0～4.5

注：S[a]代表碎粒饲料，为由颗粒饲料或膨化饲料经过破碎、筛分的不规则状碎屑或细粒；

K[b] 代表颗粒饲料，呈圆柱状，粒长为粒径的 1～2 倍；

P[c] 代表膨化饲料，呈圆球状，粒长与粒径比约为 1。

② 饲料加工质量与标准应符合表 5-9 的规定。

表 5－9　加工质量指标（%）

<table>
<tr><th colspan="2">项　　目</th><th>鱼苗饲料</th><th>鱼种饲料</th><th>食用鱼饲料</th></tr>
<tr><td rowspan="2">原料粉碎粒度
（筛上物）</td><td>颗粒饲料</td><td>≤5.0[a]</td><td>≤8.0[b]</td><td>≤10.0[c]</td></tr>
<tr><td>膨化饲料</td><td>≤5.0[a]</td><td colspan="2">≤8.0[b]</td></tr>
<tr><td rowspan="2">混合均匀度
（变异系数 CV）</td><td>饲料原料</td><td colspan="3">≤10.0</td></tr>
<tr><td>添加剂预混料</td><td colspan="3">≤5.0</td></tr>
<tr><td rowspan="3">水中稳定性
（溶失率）</td><td>颗粒饲料（水中浸泡 5 分钟）</td><td>—</td><td colspan="2">≤10.0</td></tr>
<tr><td>膨化饲料（水中浸泡 20 分钟）</td><td>—</td><td colspan="2">≤10.0</td></tr>
<tr><td>碎粒饲料（水中浸泡 5 分钟）</td><td colspan="2">≤10.0</td><td>—</td></tr>
<tr><td rowspan="3">颗粒粉化率</td><td>颗粒饲料</td><td>—</td><td colspan="2">≤5.0</td></tr>
<tr><td>膨化饲料</td><td>—</td><td colspan="2">≤1.0</td></tr>
<tr><td>碎粒饲料</td><td colspan="2">≤5.0</td><td>—</td></tr>
<tr><td rowspan="2">水 分</td><td>颗粒饲料及其碎粒饲料</td><td colspan="3">≤12.5</td></tr>
<tr><td>膨化饲料及其碎粒饲料</td><td colspan="3">≤10.0</td></tr>
</table>

a 采用 ∮200/50 0.200/0.140　GB/T 6003.1—1997；

b 采用 ∮200/50 0.250/0.160　GB/T 6003.1—1997；

c 采用 ∮200/50 0.425/0.280　GB/T 6003.1—1997。

③ 主要营养成分指标应符合表 5－10 的规定，本标准对钙和食盐指标不作要求。

表 5－10　主要营养成分指标（%）

<table>
<tr><th colspan="2" rowspan="2">项　　目</th><th colspan="3">指　　标</th></tr>
<tr><th>鱼苗饲料</th><th>鱼种饲料</th><th>食用鱼饲料</th></tr>
<tr><td colspan="2">粗蛋白</td><td>≥38</td><td>≥28</td><td>≥25</td></tr>
<tr><td colspan="2">粗脂肪</td><td>≥8</td><td>≥6</td><td>≥5</td></tr>
<tr><td rowspan="2">粗纤维</td><td>颗粒饲料</td><td rowspan="2">≤3</td><td rowspan="2">≤6</td><td>≤8</td></tr>
<tr><td>膨化饲料</td><td>≤6</td></tr>
<tr><td colspan="2">粗灰分</td><td>≤16</td><td>≤14</td><td>≤12</td></tr>
<tr><td colspan="2">含硫氨基酸</td><td>≥1.1</td><td>≥0.8</td><td>≥0.7</td></tr>
<tr><td colspan="2">有效赖氨酸</td><td>≥2.3</td><td>≥1.6</td><td>≥1.4</td></tr>
<tr><td colspan="2">总磷</td><td>≥1.2</td><td>≥1.1</td><td>≥1.0</td></tr>
</table>

注：含硫氨基酸为蛋氨酸和胱氨酸。

(4) 鲫配合饲料（SC/T 1076—2004）

① 鲫配合饲料分为鱼苗饲料、鱼种饲料和食用鱼饲料 3 种，其分类与规格应符合表 5－11 的要求。

表 5－11　产品分类与规格

<table>
<tr><th rowspan="2">产品分类</th><th>适用对象体重</th><th colspan="3">编　号</th><th rowspan="2">规格（粒径，毫米）</th></tr>
<tr><th>（克）</th><th>S[a]</th><th>K[b]</th><th>P[c]</th></tr>
<tr><td rowspan="3">鱼苗饲料</td><td>＜0.3</td><td>0</td><td>—</td><td>—</td><td>0.3～0.6</td></tr>
<tr><td>0.3～1.0</td><td>1</td><td>—</td><td>—</td><td>0.6～1.0</td></tr>
<tr><td>1.0～1.5</td><td>2</td><td>1</td><td>1</td><td>1.0～1.5</td></tr>
<tr><td rowspan="2">鱼种饲料</td><td rowspan="2">1.5～50</td><td>—</td><td>2</td><td>2</td><td>1.5～2.0</td></tr>
<tr><td>—</td><td>3</td><td>3</td><td>2.0～3.0</td></tr>
<tr><td rowspan="2">食用鱼饲料</td><td>50～250</td><td>—</td><td>4</td><td>4</td><td>3.0～3.5</td></tr>
<tr><td>＞250</td><td>—</td><td>5</td><td>5</td><td>4.0～4.5</td></tr>
</table>

注：S[a]代表碎粒饲料，为由颗粒饲料或膨化饲料经过破碎、筛分的不规则状碎屑或细粒；

K[b] 代表颗粒饲料，呈圆柱状，粒长为粒径的 1～2 倍；

P[c] 代表膨化饲料，呈圆球状，粒长与粒径比约为 1。

② 饲料加工质量与标准应符合表 5－12 的规定。

表 5－12　加工质量指标（%）

<table>
<tr><th colspan="2">项　　目</th><th>鱼苗饲料</th><th>鱼种饲料</th><th>食用鱼饲料</th></tr>
<tr><td rowspan="2">原料粉碎粒度（筛上物）</td><td>颗粒饲料</td><td>≤5.0[a]</td><td>≤8.0[b]</td><td>≤10.0[c]</td></tr>
<tr><td>膨化饲料</td><td>≤5.0[a]</td><td colspan="2">≤8.0[b]</td></tr>
<tr><td rowspan="2">混合均匀度（变异系数 CV）</td><td>饲料原料</td><td colspan="3">≤10.0</td></tr>
<tr><td>添加剂预混料</td><td colspan="3">≤5.0</td></tr>
<tr><td rowspan="3">水中稳定性（溶失率）</td><td>颗粒饲料（水中浸泡 5 分钟）</td><td>—</td><td colspan="2">≤10.0</td></tr>
<tr><td>膨化饲料（水中浸泡 20 分钟）</td><td>—</td><td colspan="2">≤10.0</td></tr>
<tr><td>碎粒饲料（水中浸泡 5 分钟）</td><td colspan="2">≤10.0</td><td>—</td></tr>
<tr><td rowspan="3">颗粒粉化率</td><td>颗粒饲料</td><td>—</td><td colspan="2">≤5.0</td></tr>
<tr><td>膨化饲料</td><td>—</td><td colspan="2">≤1.0</td></tr>
<tr><td>碎粒饲料</td><td colspan="2">≤5.0</td><td>—</td></tr>
</table>

（续）

项　目		鱼苗饲料	鱼种饲料	食用鱼饲料
水 分	颗粒饲料及其碎粒饲料	≤12.5		
	膨化饲料及其碎粒饲料	≤10.0		

a 采用∮200/50 0.200/0.140　GB/T 6003.1—1997；

b 采用∮200/50 0.250/0.160　GB/T 6003.1—1997；

c 采用∮200/50 0.425/0.280　GB/T 6003.1—1997。

③ 主要营养成分指标应符合表 5－13 的规定，本标准对钙和食盐指标不作要求。

表 5－13　主要营养成分指标（%）

项　目		指　标		
		鱼苗饲料	鱼种饲料	食用鱼饲料
粗蛋白		≥39	≥32	≥28
粗脂肪		≥8	≥5	≥4
粗纤维	颗粒饲料	≤3	≤8	≤10
	膨化饲料		≤6	≤6
粗灰分		≤16	≤14	≤12
含硫氨基酸		≥1.1	≥0.8	≥0.7
有效赖氨酸		≥2.3	≥1.7	≥1.4
总磷		≥1.2	≥1.1	≥1.0

注：含硫氨基酸为蛋氨酸和胱氨酸。

(5) 其他鱼类饲料

其他水产养殖品种可参考现行相关国家标准和行业标准来选择和适配饲料，主要有：

虹鳟养殖技术规范　配合颗粒饲料　SC/T 1030.7—1999。

中华鳖配合饲料　SC/T 1047—2001。

蛙类配合饲料　SC/T 1056—2002。

罗氏沼虾配合饲料　SC/T 1066—2003。

青鱼配合饲料　SC/T 1073—2004。

团头鲂配合饲料　SC/T 1074—2004。

中华绒螯蟹配合饲料　SC/T 1078—2004。

对虾配合饲料　SC/T 2002—2002（代替 SC/T 2002—1994）。

牙鲆配合饲料　SC/T 2006—2001。

真鲷配合饲料　SC/T 2007—2001。

大黄鱼配合饲料　SC/T 2012—2002。

大菱鲆配合饲料　SC/T 2031—2004。

刺参配合饲料　SC/T 2037—2006。

135. 怎样辨别饲料优劣?

（1）看饲料颜色　由于各种饲料原料颜色不一样，不同厂家有不同的配方。因而不能用统一的颜色标准来衡量。但是，同一品牌同一种类的饲料，其颜色在一定的时期内应相对保持稳定。

（2）闻饲料气味　好的饲料应有较好的正常气味，而不是臭味或其他异味。

（3）看饲料均匀度　正规厂家的饲料混合都是非常均匀的，不会出现分极现象，劣质饲料因加工设备简陋，很难保证饲料的品质。

（4）看产品标签　正规厂家标签有明确的生产许可证编号、产品执行标准、产品主要成分保证值、使用说明、厂址、电话、商标。

（5）看生产日期　如果超过了保质期，饲料难免会变质，即使保管良好，饲料中维生素等养分的效价也会降低，影响饲养效果。

136. 使用全价配合饲料有什么好处?

与单一饲料相比，配合饲料有四个方面的优点：

（1）营养更全面　配合饲料根据饲养水产动物的营养需要进行配方设计，营养丰富、全面，能够充分满足水产动物对蛋白质、脂肪、维生素和矿物元素等的营养需求。

（2）更安全　饲料原料所含有的抗营养因子、霉菌毒素等经饲料生产加工过程的调质、膨化等高温处理可以得到一定程度的破坏，更有利于养殖水产动物的健康。

（3）更环保　饲料经过加工后在水中的溶失少、消化吸收利用率高，对水体的污染小。

（4）更方便　配合饲料的使用较青绿饲料、米糠、麸皮等单一饲料使用更方便、保质期更长。

137. 配合饲料与天然饵料配合使用好吗？

对于有些养殖品种，尤其是杂食性或者滤食性鱼类，可以从天然饵料摄入部分营养。对于草食性鱼类，如草鱼、团头鲂可以用鲜草作为天然饵料投喂，一方面可以节约饲料成本，另一方面通过天然饵料的投喂，可以提高养殖产品的品质，尤其是口感。天然饵料的使用，对节约粮食资源、提高饲料利用效率是非常有效的。

138. 为什么不同厂家生产的配合饲料营养指标相近，但养殖效果差异很大？

饲料的养殖效果除了跟饲料的营养指标相关之外，主要取决于饲料的配方组成、原料品质、加工工艺和投喂管理。一般说来，相同的营养指标，越好的饲料其配方组成中鱼粉等优质动物蛋白原料的比例越高，饲料原料的品质越好，饲料的粉碎细度越高，混合均匀度越好，饲料熟化度越好，其养殖效果越佳。

139. 为什么渔用配合饲料要比畜禽动物饲料的蛋白质含量高？

渔用配合饲料的蛋白质含量普遍高于畜禽动物饲料，主要是因为鱼类利用碳水化合物作为能源的能力相对较差，利用部分蛋白质作为能量来源，以满足鱼类正常的生长、生理需要。

140. 是否饲料中蛋白质含量越高越好？

饲料中的蛋白质含量是衡量饲料营养水平高低的标准之一，但并非蛋白质含量越高饲料质量就越高。不同食性的鱼类，其饲料蛋白营养有不同的标准。过高的蛋白质含量鱼类代谢不了，便会向水体中排泄更多的有机废物，既增加了成本，又造成了对水环境的破坏。而且针对不同的水温应适当调整饲料中的蛋白质含量。例如高温季节应相对降低蛋白含量，以利于鱼类的消化吸收，利于减轻肝脏代谢负担，减少脂肪肝的发生。同理，低温季节应相对提高饲料的蛋白含量，以保证鱼类新陈代谢和生长所需。

设计饲料配方应充分考虑不同鱼类、不同生长阶段和气温水温条件，选择合适的蛋白质含量和原料搭配。一般情况下，不同食性鱼类的适宜蛋白质含量为：草食性鱼类（如草鱼）30%以下，杂食性鱼类（如鲤鲫）30%～40%，肉食性鱼类（如加州鲈）40%～50%。

141. 为什么研制配合饲料时需要考虑原料的消化利用率?

饲料原料的消化利用率决定了饲料的消化利用率。考虑饲料原料的消化利用率进行饲料配方设计有很多优点：

① 可以准确地实现配合饲料中各营养素间平衡，满足鱼类对蛋白质、脂肪、维生素、矿物微量元素等的需要，从而最大限度地发挥水产动物的生长产潜力。

② 可以选择消化利用率高的原料，充分地合理利用不同原料间的营养素进行互补作用，降低蛋白质等的供给量，从而节约蛋白饲料，降低日粮配方成本。

③ 充分考虑各种原料的消化率，可以有效地平衡饲料中的各种营养素，提高饲料效率，从而降低鱼类排泄物中氮、磷等各种营养素的含量，减轻对水体的污染。

142. 为什么在生产鱼类饲料时需要考虑水中稳定性?

水产饲料的水中稳定性，是指饲料在水中浸泡一定时间后，保持组成成分不被溶解散失的性能。一般以一定时间内，饲料在水中的散失量与饲料质量之比的百分数表示，也可用饲料在水中不溃散的最长时间表示。技术上要求鱼饲料浸泡30分钟的散失率小于20%（不同的鱼类饲料有不同的要求），同时要求饲料在浸泡的过程中表面形成一层保护膜，使饲料中的水溶性营养素不被溶失。水中稳定性低的颗粒饲料，即使饲料的营养价值再高，饲料的质量也大打折扣，容易造成浪费，污染水质，使鱼体对饲料消化吸收产生障碍并提高饲料系数，最终造成养殖效益下降。而稳定性好的水产饲料，能提高水产动物的摄食率和利用率，减少饲料的浪费和对水体的污染，进而降低水产养殖成本和风险，提高养殖效益。因此，饲料的水中稳定性是评价水产饲料的一项重要指标。

143. 为什么配合饲料加工时要注重原料的粉碎细度和混合均匀度？

饲料原料的粉碎细度和配合饲料的混合均匀度是衡量水产饲料加工质量最重要的两个指标。原料经粉碎后，其表面积增大，可提高饲料的混合均匀性及颗粒成型的能力，有利于淀粉糊化，并直接影响配合饲料颗粒在水中的稳定性。更为重要的是水产动物的消化道相对较短，消化能力差，粉碎细度好的饵料便于鱼、虾的消化吸收，有利于提高饲料的消化利用率。当然粉碎过细也会引起粉碎效率降低，能耗增加，成本升高，饲料产品的含粉率增加。一般鱼用配合饲料原料经粉碎后的粉料应全部通过40目筛，60目筛上物不大于20%；而对虾饲料原料的粉碎细度要求全部通过60目筛，特种水产料如甲鱼料则要求全部通过80目筛。饲料的混合均匀度通常用变异系数来表示，水产饲料的变异系数通常要求≤7%。由于鱼、虾个体的摄食量较小，尤其是在稚、幼鱼阶段，摄食量更少，对饲料中的营养素需求更高、更均衡。这就要求配合饲料中的各种组分在整批饲料中均匀地分布。混合不均匀将会造成饲料颗粒中养分不均匀，影响水产动物生长速度，使所喂动物规格参差不齐；若某些成分如微量元素或维生素混合不均匀，还可能产生毒性。

144. 颗粒饲料中粉料多质量就不好吗?

不一定。水产饲料中粉料的产生主要是由于加工工艺不好引起，如果饲料中油脂添加过多，运输过程中过多的翻包也可能引起饲料含粉率提高。判定饲料质量的好坏主要看其对养殖对象的生长效果、健康状况以及养殖环境的影响等。饲料中粉料多可能引起水质恶化、饲料效率偏低等问题，但不是决定性因素，因此粉料多不一定质量就不好。

145. 是否水产饲料的腥味越重越好?

不一定。正常情况下，水产饲料的鱼腥味主要来自鱼粉，鱼粉添加量越高，腥味越重，鱼粉在合理的添加水平会有助于水产动物的生长。但在考虑鱼粉添加数量的同时还必须考虑到鱼粉的质量，如果鱼粉的新鲜度不好，发生了氧化酸败，虽然也可能有很重的腥味，但对鱼体的健康状况和生长效果都有很大的负面影响。现在市场上有增加鱼腥味的工业添加剂，能提高饲料的腥味，但对饲料营养指标和质量的提升并无任何帮助。

146. 是否饲料价格越低越好?

不一定。饲料企业在生产饲料产品时，必定需要保证一定的利润，低价饲料只能用质量较差的原料生产。饲料价格偏低，可能存在以下隐患：饲料系数偏高，生长速度缓慢，对养殖水体的环境压力大，反而导致综合养殖成本增加。

147. 什么叫饲料系数?

饲料系数是指鱼体增加一单位体重所消耗的饲料重量。通俗一点讲就是净增长1千克鱼，需要多少千克饲料。饲料系数可按下式计算：

饲料系数＝总投饲量/摄食该种饲料的鱼类净产量

凡是营养价值高，同时又易被鱼类消化吸收的饲料，其饲料系数一般较低。但对同一种饲料来讲，即使成分相同，由于受饲养管理中各种因素的影响，饲料系数也有明显差异。

148. 影响饲料系数的主要因素有哪些?

(1) 饲料的营养价值和饲料的适口性 饲料质量粗劣、营养不完全、大小不适口等导致饲料的适口性较差，影响鱼类对饲料的利用效率，饲料系数上升。

(2) 投喂的数量和方法 投饲时多时少，造成鱼类吃食不均匀，影响鱼类对饵料的消化利用，饲料系数就高。

(3) 池塘水质条件 池塘水质特别是溶氧条件的好坏，严重影响鱼类对饵料的摄取量和利用效率。水温较高，池塘溶氧充足，鱼类摄食量大，饲料系数低。

(4) 饲养管理水平 如能根据鱼类在不同天气、不同水温和不同水质条件下选用合适的饵料制定合理的投饲数量、次数和方法，并及时改善水质，将会大大降低饲料系数。

(5) 鱼类的种类和年龄 同一种饲料对不同种类的鱼，其饲料系数不同；对同一种鱼类，不同阶段其饲料系数也不同，鱼种阶段比成鱼阶段的饲料系数低。

149. 怎样计划和分配全年饲料?

计划全年的饲料可根据鱼种放养量、鱼体增长计划和各种饵料的饲料系数来进行计算。如某养殖户有40亩鱼池主养鲤鱼，平均每亩计划放养鲤鱼种60千克，计划增长倍数为6，即每亩净产鲤鱼是60×6=360千克，投喂的颗粒饲料系数为2，则全年计划饲料总量是40（亩）×360（千克/亩）×2=28 800（千克）。

各月饲料的投喂量以6～8月份为多，合计可占全年总量的75%。

150. 怎样降低饲料成本?

水产养殖的饲料成本一般占养殖总成本的70%左右，采取适当措施，提高饲料利用率，降低饲料成本，是提高养殖效益的关键。

(1) 选择优良品种 优良品种生长速度快，抗病力强，对饲料的消化吸收率高。另外，按照80∶20模式要求，突出主养鱼，适当搭配其它服务性鱼类。

(2) 选择优质饲料 根据养殖品种和养殖计划，选择配方合理、营养全面、品质有保障的饲料。

(3) 合理投饲 投饲要均匀、适量、定时、定位。投饲量与饲料的利用率直接相关。生产上，每次投饲以能保证有80%以上的鱼饱食为宜。

(4) 保持水质良好 溶氧充足，鱼类生长快，对饲料的消化吸收利用率高，饲料成本降低。

151. 自配料有什么优点?

(1) 充分利用当地资源，降低饲料成本 在进行自配饲料时，可以因时因地制宜、就地取材，充分利用自产饲料或当地营养成分高且价格便宜、来源有保障的饲料，尽量节省运费和劳工开支，降低饲料成本。养殖户还可以充分利用冬闲时间和冬闲地，种植一些原料作物，如小麦、油菜等，以补充翌年原料的不足，再更大程度上降低饲料成本。

(2) 及时添加防病药物，控制鱼病的发生 由于目前大多数养殖鱼类的全价饲料均为膨化颗粒饲料和硬颗粒饲料，在使用过程中，若要另行添加一些添加剂或防病药物，存在诸多不便。而进行自配饲料时，则可以根据养殖鱼类的需要，及时添加各种饲料添加剂和防病药物（中草药、微生态制剂等），进一步改进饲料质量，提高饲料转化率，加强鱼病的防治。

（3）有利于根据放养模式，设计出适合的饲料配方　不同地区，不同养殖户的放养模式各不相同，所要求的饲料营养水平也存在很大的差别，而大多数厂家生产的全价饲料多根据一种模式（如池塘精养）的主养鱼类的营养需求设计饲料配方，很少考虑配养鱼类的营养需求。而自配饲料则可以根据养殖模式和不同品种鱼类的放养情况，综合考虑主养鱼类和配养鱼类的放养比例和营养需求，设计合理的饲料配方，满足所养鱼类的营养需求。

（4）有利于根据鱼类的生长情况，及时调整饲料配方　随着养殖鱼类的生长，其对营养的需求也在发生变化，因此也要求饲料的营养水平进行相应的调整。如果投喂商品全价饲料就比较被动，不能及时根据鱼类的生长情况调整配方。自配饲料时则能够根据鱼类生长情况，及时调整配方，适当降低营养水平，减少不必要的浪费，有效降低饲养成本。

（5）特殊的制粒条件，有利于各种酶制剂的添加　在畜禽饲料中使用酶制剂已有多年的历史，各种鱼类饲料由于在加工过程要经过调质、熟化过程，酶制剂作为一类活性蛋白质，在此过程中活性很容易遭到破坏，从而限制了其在鱼饲料中的使用。而自配饲料多采用小型饲料制粒机械，加工过程中缺少调质、熟化工艺，制粒过程没有高温高热的条件，不仅避免了饲料中一些不耐热的营养成分的损失，同时还给各种不耐热的酶制剂等不耐热的饲料添加剂的添加提供了可能。酶制剂能够在一定程度上提高饲料的利用率，降低饵料系数，减少环境污染，有利于促进养殖鱼类的生长。

（6）缩短饲料保存时间，有利于保证饲料质量　自配饲料一般是随配随用，饲料的储存时间较短，避免了长时间储存和长途运输过程中各种营养成分的损失和饲料的发霉变质，从而保证了饲料的质量。

152. 自配料有什么缺点?

①自配料的饲料配方与大型饲料厂相比，因为原料品种的局

限，配方的平衡性略差。

② 饲料企业的检验分析设备更全面，可对原料和饲料成品进行较为全面的监测，保持产品质量的稳定。自配料达不到相应效果。

③ 对原料的质量，多数养殖户不能准确的把握，很容易购进劣质的或掺杂掺假的原料，无法有效杜绝霉变原料和劣质原料进入饲料，影响到自配料的质量。

④ 饲料厂原料采购为规模采购，具有更大的价格优势。自配料原料不存在价格优势。

⑤ 自配料加工工艺流程有待改善，自配料经常会出现原料搅拌不均匀，饲料粉化率高，入水后易散失等问题。

153. 自配饲料与饲料厂生产的配合饲料有什么差异？

(1) 原料方面 目前在一些实行自配饲料的地区，自配料养殖户对原料方面的知识较为缺乏，同时也不具备一些必要检测设备，因此对原料的质量控制往往做得不是很好。而生产的配合饲料的厂家，均有单独的化验室，不仅对原料能够进行很好的把关，而且对出厂的产品也能进行较好的控制，在一定程度上保证了饲料的质量和稳定性。

(2) 配方方面 饲料配方的设计是一项对技术要求较高的工作，自配料所需要的矿物质和维生素等营养物质一般都是由生产预混料（核心料）的厂家提供。预混料厂家的专业配方师会根据当地饲料资源情况，为养殖户设计出不同需要的合理的配方。其配方的特点是原料当地化、品种少，配方的整体平衡性方面不及饲料厂的配合饲料。在自配料的养殖户中，还存在对预混料公司的技术人员不太信任，常擅自调整配方，造成配方的营养平衡性偏离的现象。有时养殖户还随意加大一些限量使用原料的用量，造成饲料的适口性和卫生质量下降。全价饲料厂则不仅有专门的配方师，而且在配方的管理上把关比较严，不存在随意的调整，从而保证了配方的科学性、合理性和严肃性。

(3) 加工方面　自配饲料的加工具有一个明显的不足就是设备比较简单，不具备饲料厂那样优越的生产条件，因此在饲料的加工方面存在一些不足。首先，自配饲料的原料粉碎细度和混合均匀度都不如饲料厂；其次，自配饲料所采用都是一些小型的制粒机，没有蒸汽调质系统，生产出来的饲料没有经过调质、熟化等工艺，原料中一些微生物没有灭活，投喂后可能影响养殖鱼类的健康。

154. 怎样生产自配饲料？

(1) 合理设计饲料配方　设计配方之前必须弄清饲养鱼类的种类与生长阶段，以便确定饲料中蛋白质、能量等营养素的水平。既要满足鱼类生长对蛋白质的需要，又要使能量和蛋白质的比例适中，过高和过低的能量蛋白比都不利于鱼类生长。设计配方时还要考虑饲料营养水平与容重的关系，既要保证鱼类能摄入充足的营养，又要能使其产生饱感。鱼类主要以蛋白质作为能量来源，对脂肪和糖类的利用率较低，因此对蛋白质需求量高于畜禽。鱼类生长的不同阶段对各种营养物质的需求也不同，如鲤鱼饲料中蛋白质的含量为幼鱼38%～40%，鱼种35%～38%，成鱼30%～35%。

(2) 科学选择饲料原料　选用原料要本着质优价廉、货源稳定、运输方便的原则。条件允许的情况下原料的种类越多越好，这样才能使饲料中的必需氨基酸尽量达到平衡，最大限度地满足鱼类对各种必需氨基酸的需要。绝对不能使用发霉变质的原料，霉变的原料含有大量的病菌和毒素，如发霉玉米含有剧毒的黄曲霉毒素，这些饲料投喂后极易引起鱼类患病。棉籽粕和菜籽粕等原料虽然价格便宜，蛋白质含量也较高，但是由于分别含有棉酚和葡萄糖硫苷等抗营养因子，过多地使用会影响鱼类的生长，因此要限制用量，一般不超过30%。很多自配料的养殖户喜欢使用廉价的油渣和肉饼，但是这类原料中混有大量的动物皮毛，影响粉碎与制粒工艺的顺利进行，鱼类食用后也不易消化。油渣和肉饼中所含的脂肪都是饱和脂肪，鱼类对饱和脂肪的利用率低，过多地摄入酸败脂肪还会导致鱼类患脂肪肝等疾病，因此这类原料的用量应该控制在5%以下。另外，在选择原料时还应该注意原料的水分含量，水分过高会降低饲料的营养价值，还可能导致饲料霉变，缩短饲料的储藏时间。

(3) 稳定控制加工工艺 自配饲料的工艺流程一般包括粉碎、混合、制粒、打包等工序，有条件的地方在制粒之前还要进行调质。粉碎可以增大饲料与动物消化酶的接触面积，改善营养物质的消化吸收，降低饲料系数。粉碎粒度过粗和过细都不好，一般鱼用配合饲料的原料应粉碎至全部通过40目筛，60目筛上物不大于20%。混合是确保配合饲料质量和提高饲料效果的主要环节。饲养实践表明，配合饲料中的各组分如果混合不均，将会显著影响鱼类的生长，严重者还会导致死亡。某些添加剂如重金属等局部浓度过高就会使鱼类中毒死亡。调质使饲料熟化，有利于饲料制粒成型，破坏有害因子从而提高饲料的消化吸收率，增加颗粒饲料在水中的稳定性。

(4) 合理使用添加剂 生产自配饲料时可选用专门厂家生产的维生素和矿物质预混料，按养殖鱼类的品种与生长阶段合理添加。生产自配饲料还可以根据自身的需要配制少量特殊的饲料，如根据自己池养鱼类的发病情况，将对症的药物加入饲料中制成药饵以方便使用。在使用药物添加剂时一定要遵守国家的有关法规，绝对不允许添加国家禁止使用的药物。有些养殖户在饲料中添加水产上禁用的喹乙醇，以达到加快鱼类生长的目的。喹乙醇虽然可以抗菌促生长，但是长期使用会降低鱼类的耐运输性能，增加运输时的死亡率，而且还会降低鱼产品品质，危害人类健康。饲料中添加益生素、酶制剂、中草药及其提取物等新型的添加剂，可以显著改善鱼类营养，促进鱼类生长，降低发病率。益生素是与抗生素相对的概念，指可以直接饲喂动物，并通过调节动物胃肠道微生态平衡达到预防疾病，促进动物生长和提高饲料利用率的活性微生物或其培养物。酶是具有生物活性的蛋白质，作为饲料添加剂主要是助消化的水解酶，种类有蛋白酶、淀粉酶、植酸酶、纤维素酶等，也有含有多种酶的复合酶制剂。生产上益生素与酶制剂组合使用效果更好。我国中草药资源丰富，长期以来我国人民积累了丰富的使用中草药防治疾病的经验。中草药加入饲料中制成药饵，使用方便，而且无毒无残留。如饲料中加入“三黄粉”（主要成分是黄芩、大黄、黄柏）可有效防治草鱼病，松针、艾叶、茯苓等中草药加入鱼饲料中都能提高成活率、促进生长。

155. 自配料时应注意哪些问题？

（1）把好原料关 优质原料是配制出优质饲料的前提条件，因此在进行自配饲料时，一定要把好原料关，不能过分贪图便宜。俗语说“一分价钱一分货”，这是有一定道理的，产品质量好的原料，由于货真价实，往往价钱高，价钱低的原料也往往质量差。选择时，不能只看一袋原料要多少钱，还要看其营养保证值，按推荐配方计算配制出来的饲料的价格，必要时可以做饲喂试验。

（2）保持配方和饲料的稳定性 各类预混料都附有推荐配方，这些配方一般是按常见的养殖模式设计出来，都是科学合理的，在配料过程中不能随意改变。例如，不能随意增减豆粕的用量，更不能随意用菜子粕或者棉粕代替豆粕，否则会造成蛋白质含量过高或不足和饲料中抗营养因子含量偏高，从而影响鱼类的生长发育，降低了经济效益。如果推荐配方不适合自己的养殖模式，必须在生产厂家技术人员的指导下进行适当的调整。此外，还不得随意换用不同厂家的原料，尤其是预混料，因为不同厂家的原料的营养成分的含量不同，如果随意调整，将会导致饲料的营养成分和适口性也随之发生改变，最终也会影响到鱼类的生长发育。

（3）注意混合的均匀度 饲料混合均匀度变异系数通常不得大于10%。为了使各种预混料等添加量少的原料能够与豆粕、菜粕等大宗原料混合均匀，最好采用逐步稀释的混合办法，即首先将预混料等添加到少量大宗原料中进行混合，如此反复，逐步进行稀释，直到混合均匀。有条件的最好采用性能好（混合时间短、混合均匀度高）的混合机，搅拌前也须对预混料进行适当稀释，饲料与预混料搅拌均匀后方可使用。

（4）科学地存放管理 自配的饲料应遵循随配随用的原则，因为混合后的饲料不易长期保存，一次不要配得过多。一般情况下3～5天配一次，时间过长会使某些营养物质损失。存放时要设立专门库房，室内通风透光干燥，切忌潮湿，防止发霉变质。存放地点和包装饲料用具一定要干净、无毒、防鼠，切忌与农药、化肥等存放在一起，防止污染。

156. 为什么饲料容易发霉？

饲料发霉是由霉菌引起的。当气温、湿度适宜时，如温度在25℃左右、饲料含水量在13%以上时，饲料中的霉菌便会大量繁殖，从而导致饲料发霉。故梅雨季节饲料容易发霉。另外，通风不良、仓库潮湿、漏水及干湿饲料混藏等，都是引起饲料发霉的原因。在饲养管理上，每次加料过多、积存过久或投饲机长时间不清洗等，也能引起饲料发霉。

157. 饲料发霉的主要危害是什么？

饲料发霉多数是由饲料质量低下或饲料的存储环境不符合要求所致。饲料发霉变质后会产生大量的霉菌，霉菌在繁殖过程中会分泌对鱼类有害的毒素，影响水生动物的健康和正常生长，重者造成鱼类中毒。

第二节 投 喂

158. 什么是饲料投喂“四定”原则？

饲料投喂“四定”原则即在饲料投喂时要定时、定质、定量、定位。

(1) 定时 即天气正常时，每天投喂的时间应相对地固定，从而使养殖鱼类养成按时来摄食的习惯。

(2) 定质 投喂的配合饲料必须做到新鲜、安全卫生、适口、水中稳定性好，营养全面，价值高。发霉、腐败变质的饲料不能投喂，以免发生疾病及其他不良影响。

(3) 定量 投喂的饲料一定要做到均衡适量，防止过多或过少，避免饥饿失常，影响消化和生长。定量投喂对降低饲料的消耗（浪费）、提高饲料消化率、减少对水质污染、减轻鱼病和促进鱼类正常生长都有良好的效果。

(4) 定位 投喂的饲料必须有固定的食场，使池鱼养成在固定的地点吃食的习惯。投喂的饲料不可堆积，要均匀地撒开在食场范围内，或采用固定的投饲机进行投喂，便于各种鱼类都能摄到饲料。

159. 为什么喂鱼要坚持“四定”原则?

定质可以保证饲料的适口性和营养全面性，可提高养殖鱼类对饲料的摄食率和利用率；定量有利于防止饲料浪费，降低饲料系数；定时可以养成鱼类较好的吃食习惯，方便捕捞，而且在水温适宜、溶氧较高时，可提高养殖鱼类的摄食量，增加饲料的利用率；定位（即固定投饲地点）可防止饲料散失，有利于掌握养殖鱼类摄食情况和提高饲料利用率，同时便于食场消毒、清除残饵，减少鱼类病害的发生。

在投喂过程中，除坚持上述“四定”原则外，还须随时观察鱼的摄食情况、天气变化、水温高低、水中溶氧状况及 pH 的变化等，以便根据实际情况，及时调整投饲数量。一般当饲料投入鱼池后，很快被鱼吃光，说明投饲量不足，应适当增加投饲量；若长时间吃不完，则应减少投饲量。在高温季节，天气晴朗时应适当多投，阴雨或天气闷热无风时，应减少或停止投喂，以免引起鱼类浮头。鱼池水色过淡应适当增加投饲量，水色过浓时可减少投饲量，并及时注换新水。

160. 使用投饲机有什么好处?

投饲机的使用不仅可以大量节省人工，降低工人的劳动强度，而且可以使饲料投喂的范围更大、更均匀，有效减少饲料浪费和保障鱼类均匀摄食，从而提高饲料的利用效率和鱼类规格的整齐度。设定好投饲机之后，养殖者需要勤于观察、记录、分析鱼类的规格、生长速度、摄食情况，并分析天气情况、水质情况、气温情况和饲料优劣对鱼类的生长的影响，从而使自己的养殖技术得到提高。

161. 投饲机有哪些类型?

(1) 按照应用范围 分为三种：

① 池塘投饲机：是应用最广泛、使用量最大的一种。其抛撒原理是电机带动转盘，靠离心力把饲料呈扇形抛撒出去，抛撒面积为10～50米^2。另外随着养殖水平的不断提高，管道式风力投饲机逐渐兴起，其主要采用风机的正压风力或电机带动抛料盘的负压风力，将饲料通过管道输送到投料口进行360°投喂，进一步提高投饲效率、降低劳动强度。

② 网箱投饲机：包括水面网箱投饲机和深水网箱投饲机。

③ 工厂化养殖自动投饲机：一般用于工厂化养殖和温室养殖，要求投饲机每次下料量少且精确。

(2) 按投喂饲料性状 分为三种：

① 颗粒饲料投饲机：一般采用机械离心式或管道风送式将颗粒饲料进行抛洒投饲，此类投饲机使用量最大，技术也较成熟。

② 粉状饲料投饲机：粉状饲料一般用于鱼苗的喂养，由于鱼苗的摄食较少，每次投喂量要精确。目前此类投饲机应用较少。

③ 糊状饲料投饲机：主要用于鳗、鳖等的自动投喂，其应用

范围较窄。

162. 怎样确定日投饲量、次投喂量及投喂次数？

（1）日投饲量　首先按池塘面积估算全年净产量，再确定所用饲料的饲料系数，估算出全年饲料总需要量，然后根据季节、水温、水质与养殖对象的生长特点，逐月、逐旬甚至逐天的分配投饲量。日投饲量＝池塘鱼的重量×投饲率，池中鱼的重量可通过打样计算获得。

（2）次投喂量　每次投喂量＝日投喂量/日投喂次数。每次投喂应注意观察鱼的摄食情况，当水面平静，没有明显的抢食现象，80％的鱼已经离去或在周边漫游，没有摄食欲望时停止投喂，这就是所谓的“八成饱”，即养殖鱼 80％的饱食量，八成吃饱，两成不很饱。

（3）投喂次数　投喂次数是指当日投喂量确定后，一天之中分几次来投喂。这同样关系到饲料的利用率和鱼类的生长。投喂次数主要取决于鱼类的消化器官的发育特征、摄食特征和环境条件，对草鱼、团头鲂、鲤、鲫等无胃鱼，采取多次投喂，有助于提高消化吸收效率，一般每日投喂 4～5 次。同种鱼类，鱼苗阶段投喂次数适当多些，鱼种次之，成鱼可适量少些；饲料的营养价值高可适当少些，营养价值低可适当多些；水温和溶氧高时，可适当多些，反之则减少投喂或停止投喂。

163. 稻田养鱼需要投喂饲料吗？

为提高稻田养鱼产量，还需适当投饲。一般在插秧后 20～30 天开始投饲，如放养 1 龄鱼种且密度较大时，放养后即投饲。每天上午 8～9 时或下午 3～4 时投喂一次，将饵料投在鱼溜或鱼沟内，投饲量视鱼的摄食和生长情况而定。此外，也可施少量粪肥或混合堆肥，繁殖天然饵料。但施肥量要加以控制，以免引起水稻贪青倒伏，影响稻谷产量。

164. 稻田养鱼饲料投喂有什么注意事项？

日投饲量应视水温、水质、季节而定，一般日投饲量占池鱼体重的3%～5%或占池虾、蟹体重的5%～8%。每天上、下午各投喂1次，投喂的饵料种类由养殖品种决定，投喂地点主要是鱼坑、鱼沟。例如河蟹、青虾为杂食性水生经济动物，植物性饵料、动物性饵料皆喜摄食，尤喜摄食动物性饵料，且有贪食的习性。因此，在河蟹、青虾饵料的配制上，应坚持“荤素搭配，精育结合”的原则，在充分利用稻田天然饵料的同时，还应多喂些水草、菜叶、南瓜等青饲料，辅以小杂鱼、螺丝等动物性饵料，实行科学投饵，使之吃饱吃好，促进生长。

165. 鱼吃食不欢怎么办？

(1) 看水质 浮游动物数量过多、有害藻类如蓝藻、甲藻、鞭毛藻等过多、池水清瘦、池水浑浊、氨氮高、亚硝酸盐高、pH偏高或偏低等都会对鱼类造成不良影响，轻者鱼类摄食差，重者不摄食，甚至死亡。水质异常就要有针对性地进行调水或换水处理。

(2) 看鱼体 查看、解剖鱼体，尤其查看肝肠有无寄生虫或其它发病征兆。如鱼鳃上有寄生虫，鱼就不集中摄食，摄食时外围有漫游的现象；而肠道寄生虫会阻塞肠道或破坏肠道上皮组织，鱼有厌食的行为；当一部分池鱼出现烂鳃或肠炎、出血等病情时，只要是自身有病的鱼都会出现独游不食、摄食量不大、摄食不欢的现象；肝胆病也会造成鱼厌食。如果发病，应取相应措施，并停料1天。

(3) 查鱼塘 了解前几天鱼塘是否有杀虫消毒、缺氧等情况，若有，先做相应处理，停料1～2天，再开始投喂。

(4) 其他原因 若排除以上情况，是天气原因等导致的普遍现象，多开增氧机，平时注意把水调好，根据天气情况适时调整投喂量。

166. 怎样在拉网或过塘后投喂?

一般拉网前后各停料1天为宜，因为鱼在受到外界刺激后，会有不同程度的闭口不食现象，这是正常的生理行为。过塘或是拉网后需要5天左右恢复到原来的投喂水平，期间适当拌喂助消化或增强抵抗力的有益菌或多种维生素制剂。

167. 怎样在高温天气投喂?

（1）掌握投喂标准　高温期应防止剩料，投喂量占鱼类总体重的3%～4%。饲喂时间应在上午11点之前和下午4点以后，避开中午表层水温最高的时间段。

（2）区别养殖种类　在高温期，不同种类的鱼潜在生长能力及生长所需营养要求各不相同，因此其投喂量与投饲品种也应有区别。

（3）把握吃食时期　原则上以喂七成饱为佳。选择定点投喂观察，一般以投喂后1～2小时吃食情况而定。1小时内吃完表明要加料，2小时还没吃完，要适当减量。如果经过较长时间正规投喂，鱼类摄食时间减短至1小时，说明鱼体已增重，应调整投喂标准。

（4）观看池塘水色　一般肥水呈油绿色或黄褐色，上午水色较淡，下午渐浓。水的透明度在30厘米左右，表明肥度适中，可进行正常投喂；透明度大于40厘米时，水质太瘦应增加投饲量；透明度小于20厘米时，水质过肥，应停止或减少投饲。

（5）合理操作　投喂注意不可将饲料一次性倒入池中，以免营养成分溶解散失而造成浪费或败坏水质。投喂饲料时应注意少量多次，以提高投喂效果。在阴天及梅雨季节等低溶氧时期尽量少投喂或不投喂，以防止泛塘或浪费饲料。

第六章　鱼病防治

第一节　鱼病的发生及类型

168. 鱼为什么会生病?

鱼生病主要有以下几个原因引起：

(1) 环境因素　水温剧变，鱼类难以适应而发病或死亡；水中溶氧偏低，容易发生烂鳃病；溶氧过多，小鱼苗又会得气泡病。淡水养殖鱼类对 pH 的适应范围以 6.5～8.5 为宜，低于 5 或者高于 9.5，均会引起鱼类死亡。pH 在 5～6.5 之间，不仅生长不好，还容易感染打粉病，pH 大于 9.5，鱼鳃分泌黏液多，会妨碍鱼的呼吸，造成窒息死亡。

(2) 人为因素　放养密度过大或搭配比例不当，会造成饵料不足，鱼的营养不良，体质瘦弱，就会发生和流行各种鱼病。饵料不新鲜，投饵不均匀，时多时少，饱一顿饿一顿，投喂时间不当或投饵太多，容易引起鱼类发生肠炎病。拉网筛鱼、捕鱼或运输过程中，操作粗糙，不细心管理，往往会使鱼体受伤，为细菌、霉菌或寄生虫侵入鱼体创造了条件，常使鱼类感染水霉病和细菌性等疾病。

(3) 生物因素　致病微生物、寄生虫寄生在鱼的体表或体内，吸收鱼体营养，破坏鱼的组织器官，影响鱼的生命活动，由微生物引起的鱼病叫传染性疾病，由寄生虫引起的鱼病叫寄生性鱼病。敌害生物，如水生昆虫、青蛙、凶猛鱼类，也会直接伤害和吞食鱼类。

（4）内在因素　鱼体本身对疾病的抵抗力，也因鱼的种类、年龄和个体而不同，放养的鱼种不健壮，抵抗疾病的能力差，就容易生病。

169. 怎样初步判断鱼是否生病了?

鱼出现活动异常，如离群独游，长时间浮在水面不下沉等，饲料摄食量减少，水浑，出现大量死鱼等情况时都可以初步判断鱼生病了。

170. 鱼种放养前池塘为什么要彻底清塘消毒?

池塘是鱼类赖以生存的基本环境，也是鱼类病原体的贮藏场所，除了池塘本身应具备的一些基本养殖条件外，许多生产措施也都是通过池塘水体而作用于水产养殖动物的，因此必须最大限度地满足水产养殖动物的栖息要求。同时，清除野杂鱼、消除病原菌是创造良好养殖生态环境的基础。池塘清洁与否，会直接影响到鱼类的健康，是预防鱼病和提高鱼产量的重要环节和不可缺的措施之一。池塘经过一年的养殖，各种病原通过不同途径进入，塘基水冲塌漏，杂草丛生，塘底淤泥沉积，为病原体繁殖提供适宜场所。所以必须坚持年年清塘消毒和晒塘，才能达到预防鱼病的目的。

171. 池塘清塘消毒的主要方法有哪些?

（1）生石灰清塘　一是冬季将池水排干，池塘曝晒后，将生石灰均匀地撒在塘底。二是将生石灰兑水溶解，趁热全池均匀泼洒：水深10厘米的池塘每亩用量50～75千克，水深1米的池塘每亩用量130～150千克。三是将生石灰装在箩筐中悬于船舷边或船尾并沉入水体，划船缓缓前进，使生石灰浆液溶入水中。施药清塘后7

天左右可放鱼。

(2) 漂白粉清塘 在生石灰缺乏或交通不便的地区采用漂白粉清塘，对急于使用的鱼池更为适宜。漂白粉用量：干塘每亩4～5千克，1米水深塘每亩13～15千克。先在木桶（不能使用金属容器）里加水溶解，稀释后全池均匀泼洒，再用耙子搅动一遍即可。强氯精清塘消毒用量：每亩每米深鱼塘1～2千克，溶水后全池泼洒。漂白粉一般含有效氯30%左右，有强烈的杀菌和杀死敌害生物的作用，但其消毒效果常受水中有机物的影响，如鱼池水质肥、有机物多，清塘效果就差一些。漂白粉要干燥未受潮才能保证药效，使用后4～5天即可放鱼。

(3) 茶饼清塘 茶饼是南方地区常用的清塘药物。它是山茶科植物油苷茶、茶梅或广宁茶的果实榨油后所剩余的渣滓，形状与菜籽饼相似，故又称茶籽饼。茶饼所含的皂苷是溶血性毒素，能溶化动物的红细胞而使其死亡。由于茶饼的蛋白质含量较高，所以又有施肥的作用。先将茶饼捣碎成小块，在专用容器中加水浸泡24小时，选择晴天加水稀释，连渣带汁全池均匀泼洒。每米水深、每亩水面用量为40～50千克。能杀死野杂鱼、蛙卵、螺、蚌、蚂蟥和水生昆虫，但对细菌没有杀灭作用，所以效果不如生石灰好。施药后10天左右可放鱼。在浸泡茶饼时加入少量石灰水或氨水，能提高清塘效果。用茶饼清塘操作方便，对人、畜无害，部分地区的养鱼者喜欢采用。

172. 生石灰清塘消毒有什么好处？

生石灰价格便宜，无毒无害无残留，调节水体pH，不仅能杀死池塘中的野杂鱼及其他水生生物，而且可以澄清池水，使悬浮的有机物胶凝沉淀。同时，有助于底泥矿化，释放出被淤泥吸收的氮、磷、钾等元素，有利于生物活饵料的培育。

第二节 鱼病用药

173. 何谓禁用渔药?

禁用渔药是指高毒、高残留或具有“三致”(致癌、致畸、致突变)毒性的渔药。严禁直接向养殖水域泼洒抗生素,严禁将新近开发的人用新药作为渔药的主要或次要成分。此外对水域环境有严重破坏而又难以修复的渔药也不能使用。

174. 水产养殖的主要禁用渔药有哪些?

根据《无公害食品水产养殖用药准则》NY 5071—2002 规定,我国不允许在水产养殖业中使用的禁用渔药有:

第一类(6 种)即六六六、滴滴涕、毒杀芬、杀虫脒、五氯酚钠和呋喃丹。

第二类(5 种)即地虫硫磷、林丹、双甲脒、锥虫胂胺、酒石酸锑钾。

第三类(4 种)即甘汞、醋酸汞、硝酸亚汞和氟氯氰菊酯。

第四类(2 种)即甲基睾丸酮和己烯雌酚。

第五类(5 种)即杆菌肽锌、泰乐菌素、阿伏霉素、速达肥和喹乙醇。

第六类(11 种)即磺胺脒、磺胺噻唑、硝基呋喃类(呋喃西林、呋喃唑酮、呋喃妥因、呋喃它酮)、氯霉素、环丙沙星、呋喃那斯、红霉素。

第七类(1 种)即孔雀石绿,又称碱性绿。

农业部 2292 号公告,2015 年 9 月 1 日起禁止养殖使用氧氟沙星、培氟沙星、美洛沙星、诺氟沙星;12 月 31 日起禁止生产,2016 年 12 月 31 日起禁止经营销售。

农业部2294号公告，2015年10月1日起禁止使用微生态制剂：噬菌蛭弧菌。

目前，我国水产养殖业中使用的渔药还有两种情况：一类是既不是可用药，也不是禁用药，如二氧化氯、青霉素、链霉素、土黄素、红霉素等，在新国家标准渔药中并没有收录，但也没有明令禁止；第二类是所谓的非药品，即水质和底质改良类物质，目前没有明确说法或没有明确管理部门。

此外，还有一类是限用药，即可以使用，但限制使用，根据农业部196号、235号公告有20种，这些药物在使用时，对最终上市水产品有明确的残留限量和休药期规定，必须遵照执行。

175. 常见禁用渔药有什么危害?

孔雀石绿：致癌，致畸，使水生生物中毒。

氯霉素（盐、酯及制剂）：抑制骨髓造血机能，肠道菌群失调，免疫抑制作用，影响其它药物在肝脏的代谢。

红霉素、泰乐菌素：产生耐药性，机体残留较多，危害水产品质量安全。

硝基呋喃类［呋喃唑酮（痢特灵）、呋喃那斯、呋喃西林等］：容易引起溶血性贫血，急性肝坏死，眼部损害，多发性神经炎。

磺胺噻唑、磺胺脒：容易引起水产动物急性中毒或慢性中毒，易造成尿路感染、溶血性贫血，使正常菌群生态平衡失调，造成消化障碍。

喹乙醇：有富集作用；使鱼类耐受力差，死亡率高；肌体含水率比原先高，容易造成死鱼。

176. 水产养殖常用的用药方式有哪些?

最常用的是泼洒法、内服法，其它还有注射法、涂抹法、悬挂法、浸浴法。

177. 水产消毒药的主要种类有哪些？

（1）卤素类消毒剂　含氯消毒剂，如次氯酸钠、漂白粉、二氧化氯、氯胺-T、三氯异氰尿酸、二氯异氰尿酸钠、氯溴三聚异氰酸等；含溴消毒剂，如溴氯海因、二溴海因等；含碘消毒剂，如碘、碘伏和聚乙烯酮碘。

（2）酚、醛、醇类消毒剂　酚类，如来苏儿、苯酚、复合酚；醇类，如乙醇、异丙醇等；醛类，如甲醛、戊二醛等。

（3）酸、碱、盐类消毒剂　酸类，如柠檬酸、醋酸、乳酸、甲酸、过氧乙酸；碱类，如氧化钙（生石灰）、氢氧化铵溶液（氨水）；盐类，如氯化钠、碳酸氢钠、乙二胺四乙酸二钠、硫酸亚铁、硼砂等。

（4）重金属盐类　高锰酸钾、硫酸铜、汞盐、银盐等。

（5）季铵盐类消毒剂　新洁尔灭、洗必泰、度米芬、消毒净、百毒杀等。

（6）过氧化物类消毒剂　过氧乙酸、过氧化氢、过氧化钙、臭氧。

（7）染料类消毒剂　亚甲基蓝、吖啶类等。

（8）草药类消毒剂　常用的有大蒜、烟草、大黄、乌桕、苦楝、五倍子、大黄、枫树叶、辣蓼、樟树叶、车前草、地锦草、菖蒲、桉树叶等。

178. 中草药预防和治疗鱼病有什么好处？

具有个体防治和群体防治的双重功效，中草药添加到饲料中制成药饵，可以增加饲料的营养性，提高饲料利用率，从而可促进鱼类生长发育，具有清热解毒、健胃促消化、增强食欲、安神活血、增强非特异性免疫、驱虫保健等功效。

179. 稻田养鱼用药有什么注意事项？

根据水稻病虫害发生情况适时施用农药。选用的农药要对口、高效、低毒、低残留，严禁使用对鱼高毒的农药品种。农药剂型方面，应多选用水剂或油剂，少用粉剂，养鱼稻田草食性鱼类有除草作用，因此养鱼田一般不使用除草剂。掌握农药的正常使用量和对鱼类的安全浓度，施药方法要得当，保证鱼类的安全。养鱼稻田在施用农药前要将田水加深至 7～10 厘米，使用粉剂农药要在清晨露水未干时施用，减少农药落入水中；使用水剂、乳剂农药宜在傍晚（下午 4 时后，夏季高温宜在下午 5 时以后）喷药，可减轻农药对鱼类的毒害。喷药要提倡细喷雾、弥雾，增加药液在稻株上的黏着力，减少农药淋到田水中。下雨或雷雨前不要喷洒农药，否则农药会被水冲刷进入田水中，容易导致鱼中毒。

此外，还可采取以下方法避免引起鱼类药害：把鱼集中在鱼坑后再施农药。不要固定使用一种农药，要适时轮换以免病虫害产生抗药性。注意人身安全。施药时不要抽烟，要穿长裤长袖衣，戴好口罩，严禁赤膊打药，打药后要洗手，不要喝酒，更不能在中午高温时打农药，以免中毒。

第三节　常见鱼病的防治

180. 水产养殖的主要消毒方法有哪些？

（1）物理消毒法　即采用沉淀池过滤或沸石粉吸附，将养殖水体中的杂质和污染物去除。

（2）化学药物处理法　此方法是延续了几十年的传统养殖处理方法，即采用生石灰、漂白粉、絮凝剂、含氯或含溴消毒剂以及一些染料等有机或无机化合物来改善水质。

（3）微生物调控法　利用有益微生物在水体吸收氨氮、亚硝酸氮及硫化氢等，有效分解大分子有机物，同时抑制致病菌的大量繁殖。

181. 怎样预防和控制鱼类疾病？

（1）对外在因素的预防　控制和消灭病原体，清塘消毒，鱼体消毒，水体消毒，食场消毒，饵料及工具消毒。

（2）对内在方面的预防　提高鱼体自身的抗病力，合理投饲、施肥，加强管理。

（3）疫苗免疫预防　鱼类病毒性疾病最有效的预防办法是疫苗免疫预防。

182. 为什么提倡预防为主，治疗为辅的方针？

水生动物由于其独特的生活环境，使其疫病的发现、治疗和控制方法不同于其他陆生动物，一旦发现鱼病，一般都很严重，而且难以用内服等常规方法治疗，容易造成很大的损失。因此，预防的观念对于控制水产养殖动物疾病的发生有重要的意义，在平时就做好鱼病的预防工作，一旦发病能够及时控制，减少损失。

183. 鱼病预防与治疗过程中有哪些误区？

① 诊断不准确，不询问专业技术人员，容易出现用药不对症的情况。

② 乱用药，不管什么病到什么程度，都是多种药一起用，高剂量用，高频率用。

③ 不断变换用药方案，不但没有效果，还会加重病情，也会造成病原产生抗药性，使以后的预防和治疗更加困难。

④ 在病情无法控制后，再去咨询专业人员，寻求良策，已错过最佳的治疗时机。

⑤ 多数养殖者缺乏在病害预防和控制过程中的良好卫生和健康习惯。

184. 怎样预防淡水鱼类暴发性疫病?

采取药物外用与内服相结合进行预防。

① 清除过厚的淤泥，冬季干塘彻底清淤，并用生石灰或漂白粉彻底消毒。

② 改善水体生态环境，发病鱼池用过的工具要进行消毒，并要及时捞出死鱼深埋而不能到处乱扔。

③ 鱼种入池尽量减少搬运，并注意下塘前进行鱼体消毒。

④ 放养密度应根据各地条件、饲养管理水平及防治能力进行适当调整。

⑤ 加强日常饲养管理，正确掌握投饲技术，饲料中添加维生素，不投喂变质的饲料，提高机体抗病力。

⑥ 流行季节定期消毒。

185. 怎样进行鱼病诊断?

(1) 现场调查 养殖品种、来源、规格大小、健康状况和放养密度。池塘日常管理，包括消毒、水源、水质、饲料，发病后的症状、采取的措施等。

(2) 肉眼检查 观察体表（头部、眼睛、口腔、鳍、鳞片）、鳃部、肌肉、内脏器官（肝、胆、胰、肠、鳔等）。

(3) 显微镜检查 可刮取皮肤、鳍、鳃部黏液，或患病组织如鳃、鳍条等制成压片，于显微镜下观察有无寄生虫。寄生虫少量存在对鱼的健康并不会带来很大影响，只有当寄生虫达到一定数量时才会生病、死亡。如车轮虫、斜管虫等小型寄生虫在中倍镜下检查，平均每一个视野有数十个以上，才可能引起鱼病。

(4) 实验室检测

① 病理切片检查：取一小块患病组织或器官，经固定、脱水、包埋等程序处理后，将样品切片，再用相应的染色方法染色，以显示不同细胞和组织的变化，然后进行光学或电子显微镜检查（此法

需要在专业实验室进行）。

② PCR 仪检测：世界动物卫生组织推荐 PCR 检测作为一些鱼类疾病的诊断方法之一。其主要原理是通过设计特异引物来扩增病原生物的特异基因片段而实现病原生物的确认和疾病的诊断。

③ 免疫学技术检测：如血清中和试验、免疫荧光、酶联免疫检测等技术。

④ 药敏试验检测：对可能由细菌引起的疾病，可通过病原分离、培养、鉴定、人工感染等试验后，再进行相应的药敏试验检测。目前，有一种快速药物敏感试验方法可以指导水产用药，即直接从患病鱼腹水或内脏器官采样，涂布培养平板，进行药物敏感试验，其结果是对混合菌群的总体抑制效果。

186. 怎样快速检测细菌病原？

水产动物细菌性病原检测试剂盒的研发多采用生化和分子生物学方法，主要采用 PCR、LAMP、核酸探针杂交、ELISA 等技术，其中 ELISA 技术具有简便、快速、准确、灵敏的特点，易为养殖者和基层防疫人员应用。待检测的样品只需简单的研磨处理，加入试剂盒内提供的试剂，经过几步反应就可肉眼观察结果，不需特殊的仪器。根据试剂盒说明书上规定的操作步骤，可在一天内完成特定病原的检测。

187. 苗种阶段易患哪些病？

苗种阶段易患车轮虫病、气泡病、小瓜虫病、白头白嘴病，常见的生物敌害有剑水蚤、水蜈蚣。此外，当鱼苗游入布满青泥苔和水网藻的水体中常被缠死，且这些藻类还会消耗水中养分，使池水变瘦，影响鱼苗正常生长。

188. 怎样使用草鱼出血病细胞弱病毒疫苗？

接受免疫接种的草鱼需摄食活动正常、体质健康。凡鱼体瘦弱、鱼池出现死鱼或有寄生虫寄生、病毒或细菌感染的草鱼，不能接种疫苗。

一般选择在晴天的清晨采用腹腔或肌内注射方式接种疫苗。严格按照疫苗产品使用说明的适用对象、免疫施用途径、剂量、注意事项等要求操作。整个操作过程要轻、快、稳，尽量减少鱼体的损伤。免疫后需加强综合管理，该疫苗仅针对草鱼出血病。

189. 池塘养殖有哪些常见的细菌性疾病？怎样防治？

鱼类常见的细菌病症状有烂鳃、白皮、赤皮、竖鳞、细菌性败血症、细菌性肠炎、疖疮、打印病等；甲壳类常见的细菌性疾病有红腿、烂鳃、瞎眼、甲壳溃疡、荧光病等；鳖类常见细菌性疾病有爱德华菌病、穿孔病、红脖子病、胃溃疡出血病；蛙常见细菌性疾病有爱德华菌病、红腿病、链球菌病等。

预防以保持优良水质为主，重视清塘清淤，并全面消毒，日常加强饲养管理，改善水质条件，使用优质饵料，减少应激，下塘前鱼体消毒，放养密度不宜过大，经常加注新水。在日常管理中谨慎操作，避免鱼体受伤。如有发病准确诊断，及时治疗。

190. 池塘养殖有哪些常见的寄生虫病？怎样防治？

池塘养殖中常见的寄生虫病有中华鳋病、指环虫病、锚头鳋病、车轮虫病、斜管虫病、小瓜虫病、三代虫病等。

用生石灰清塘消毒，消毒后用常规杀虫药针对性杀虫一次，用量按说明使用。放鱼前药浴消毒，杀灭鱼体携带的寄生虫，合理放养，密度过大或搭配不合理都会使鱼的活动空间相对减少，鱼类过多分泌肾上腺激素，体质下降。加强管理，避免应激反应和鱼体受损伤，加强鱼类的营养，选用较好的配合饲料投喂，提高鱼自身的抵抗能力。在条件许可的情况下，最好做到养殖工具专塘专用或把使用过的工具经过消毒处理后再使用。

191. 池塘养殖有哪些常见的病毒病？怎样防治？

池塘养殖常见的病毒病有：一类动物疫病鲤春病毒血症；二类动物疫病：草鱼出血病、传染性脾肾坏死病、锦鲤疱疹病毒病、病毒性神经坏死病、流行性造血器官坏死病、斑点叉尾鮰病毒病、传染性造血器官坏死病和病毒性出血性败血症。

一旦感染病毒性疾病，大多没有有效的药物治疗措施，主要是以预防为主，从保障水源、苗种、饲料质量安全上做好预防工作。

192. 怎样防治淡水鱼类细菌性烂鳃病？

细菌性烂鳃病俗称“乌头瘟”或“开天窗”（图 6-1），其预防与治疗方法：①彻底清塘，鱼池施肥时应施用经过充分发酵后的粪肥；②鱼种下塘前用漂白粉、高锰酸钾或食盐水消毒；③在发病季节，每月全池遍洒生石灰 1～2 次，使池水的 pH 保持在 7.5～8.0，也可以在食场周围泼洒或挂篓漂白粉，消毒食场。

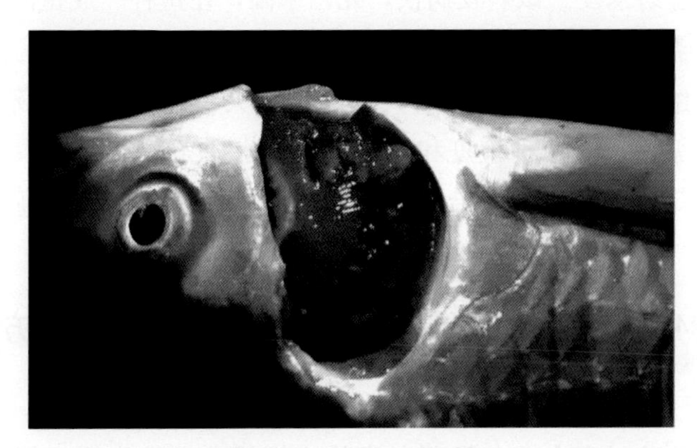

图 6-1 细菌性烂鳃病

193. 为什么鱼身上像撒了一层盐？怎样防治小瓜虫病？

鱼身上看着仿佛撒了一层盐，其实是小瓜虫的虫体及孢囊，这些鱼患的是小瓜虫病，又称白点病，以患病的鱼体及鳃出现小白点为特征（图 6－2）。

图 6－2　鹦鹉鱼小瓜虫病

该病对寄主无严格选择性，几乎能感染所有淡水鱼包括一些热带鱼类。水温为 15～26 ℃时是小瓜虫的流行盛期，早春、晚秋和冬季都容易暴发。该病发病快，死亡率高，在鱼种、成鱼阶段均会造成鱼类的大批死亡。所有的淡水鱼类一旦感染小瓜虫病就难以治愈，给水产养殖业造成很大的经济损失。建议加强养殖管理，注重清塘，重视鱼种检疫和消毒，改善水质条件，并采取合理密度养殖等措施。小水体治疗可采用福尔马林浸泡法、升高水温等方法。

194. 为什么鱼口常常张开，食量却剧减？怎样防治头槽绦虫病？

在养殖过程中，若发现鱼类体表发黑，口常张开，但食量剧减，这很可能是因为鱼体感染了头槽绦虫。患病鱼体瘦弱，浮游水面不吃食，口张开，呈不安状，所以该病亦称为“干口病”。严重感染时，肉眼可看到肠道内有许多白色像面条一样的虫体，使肠前端膨大如胃，并出现炎症，造成肠道阻塞，最终导致鱼体死亡

(图 6－3)。该虫主要寄生在草鱼、鲤鱼、鲮鱼等鱼的肠内，对草鱼鱼种的危害尤其严重。

图 6－3　鲫鱼头槽绦虫病

头槽绦虫病通常只有在草鱼、鲢鱼、鳙鱼等一些鱼类中发生，在生产中鲤鱼患此病很少见报道，故没有引起广大养殖户重视，以致误诊，以至于在经济上造成一定损失。

防治方法：①采用内服药饵、外用泼洒药物治疗；②用 1 米水深 0.3～0.5 千克/亩的生石灰或 0.15 千克/亩的漂白粉清塘，杀死虫卵和水蚤，预防此病；③在养殖中设法切断头槽绦虫生活史，杀死中间寄主水蚤，定期泼洒杀虫药物可以预防此病；④对病死的鱼必须深埋，做无害化处理，以免虫卵扩散，对使用的工具要进行消毒杀菌。

195. 为什么鱼会“狂游”“翘尾巴”? 怎样防治中华鳋病?

池塘中有些鱼躁动不安，在水的表层打转或狂游，尾鳍上翘露出水面，有时离群独游，这很有可能是患了中华鳋病。鱼轻度感染没有明显症状，严重感染是鳃丝末端发炎肿胀、发白，食欲减退，离群独游。翻开鳃盖肉眼可见鳃丝上附着蝇蛆一样的白色小虫(图 6－4)，俗称“鳃蛆病”。

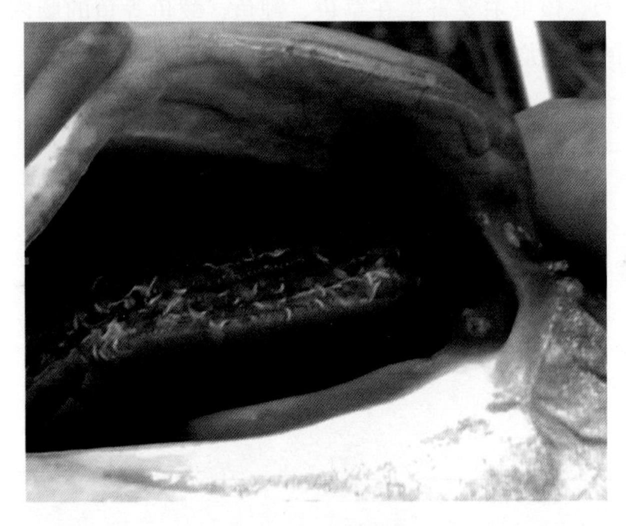

图 6-4　中华鳋病

彻底清塘，杀灭虫卵、幼虫和带虫者。鱼种放养前，用含 0.7 毫克/升的硫酸铜和硫酸亚铁（5∶2）溶液浸洗 30 分钟。发病时，①用硫酸铜与硫酸亚铁合剂（5∶2）按 1 米水深，每亩用量 467 克，全水体遍洒；②按 1 米水深，每亩水面用晶体敌百虫 167～180 克全水体遍洒，每隔 5 天遍洒 1 次，连续泼洒 3 次。

196. 泥鳅腐皮病有什么症状？怎样防治？

泥鳅腐皮病主要是由于养殖环境恶化，泥鳅感染细菌引起的皮肤发炎、水肿、出血、赤皮、烂皮、烂鳍等现象，统称为腐皮，是泥鳅的多发病。常与肠炎病混合发生，造成较多死亡，给泥鳅养殖业带来很大损失。泥鳅腐皮病的主要症状表现在身体两侧、腹部、尾部、鳍根部及肛门等部位的皮肤发炎、水肿、表皮脱落、出血、皮肤溃疡及腐烂，严重的会出现肌肉腐烂，溃疡灶，容易感染车轮虫等寄生虫。

主要采用内服外消，综合防治。加强日常管理，定期改善水质，避免寄生虫的感染。内服消炎药拌料投喂，连喂 5～7 天。全池或食场泼洒消毒，同时适度换水，改善水质。

197. 车轮虫病有什么症状？怎样防治？

车轮虫病的病原体主要是车轮虫属和小车轮虫属的许多种类。寄生体表的有显著车轮虫、粗棘杜氏车轮虫、中华杜氏车轮虫和东方车轮虫等。寄生在鱼鳃上的有卵形车轮虫、微小车轮虫、球形车轮虫和眉溪小车轮虫等。

车轮虫形态（图 6－5）：侧面观像一个碟子或毡帽，身体隆起的一面叫口面，与口面相对的一面叫反口面。口面有一条带状结构的口带，以反时针方向作螺旋状环绕，一直通到胞口。口带两侧各有一行纤毛。反口面观为圆盘形，内部结构主要由许多齿体逐个嵌接而成的齿轮状结构，叫齿环。还有辐线，一个马蹄形大核和一棒状小核。

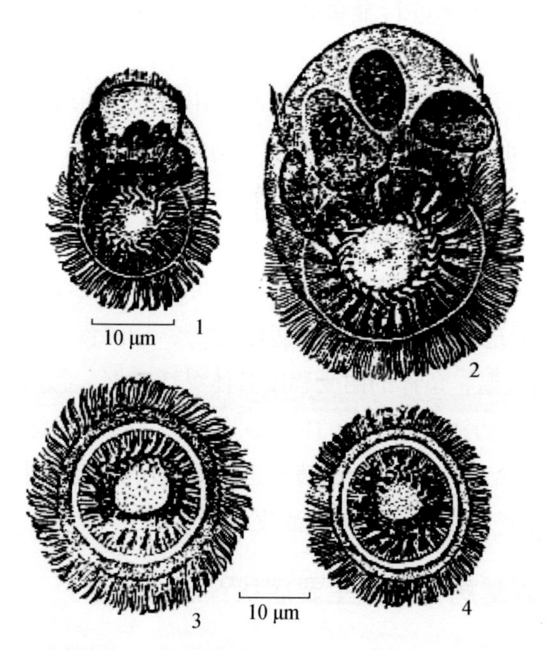

图 6－5　1. 微小车轮虫（反口面的侧面观）　2. 卵形车轮虫（反口面的侧面观）　3. 球形车轮虫（反口面观）　4. 眉溪小车轮虫（反口面观）

侵袭鱼类体表的小车轮虫，虫体较大。虫体在寄主体表来回滑动，使寄主皮肤磨损受伤，剥取寄主的皮肤组织细胞作营养，同时刺激寄主皮肤分泌大量黏液。主要危害体长3厘米左右的幼鱼，严重感染时，会引起大批死亡。

寄生于寄主鳃上的小车轮虫，虫体一般比较小，常成群聚集在鳃的边缘或鳃丝缝隙内，破坏鳃组织，使其腐烂、软骨外露，严重影响鱼的呼吸功能，致鱼死亡。

鱼体有少量车轮虫寄生时，没有明显症状。严重感染时，身体消瘦发黑，游动缓慢。鱼苗大量感染车轮虫时，鱼苗成群结队围绕池边狂游，呈“跑马”状。车轮虫在体表和鳃部等处不断爬动，损伤上皮细胞，致使病鱼头部和吻端呈微白色，鳃丝充血，严重时软骨外露。鱼苗大量寄生车轮虫时在鳍条末端、头部或体表等大量密集部位可出现一层白翳，在水中观察尤为明显，以此可初步诊断。取体表黏液和鳃丝进行显微镜检查，见大量车轮虫时，可作出确诊。

防治方法：①1米水深，每亩水面用硫酸铜0.46千克或0.46千克硫酸铜和硫酸亚铁合剂（5∶2）均匀全池泼洒，对于车轮虫病严重的鱼塘，可以连续用药2～3次。注意：硫酸铜毒性较大，且水体测量误差等原因，所以用药后应注意观察鱼的活动情况，如果发现异常，应立即对池塘进行换水。也可以苯扎溴铵溶液按使用说明加水稀释后进行全池泼洒。②病鱼用2%～3%食盐水浸浴5分钟左右，根据气温、鱼体的耐受程度具体灵活掌握。③用25毫克/升福尔马林溶液药浴处理病鱼15～20分钟。④1米水深每亩用枫树叶25～30千克煎汁均匀全池泼洒。⑤1米水深每亩用苦楝树枝叶25～30千克煮水或打浆均匀全池泼洒。

198. 鳃霉病有什么主要症状？怎样防治？

我国鱼类寄生的鳃霉，从菌丝的形态和寄生情况来看，表现出两种不同的类型。寄生在草鱼鳃上的鳃霉，菌丝较粗直而少弯曲，分枝很少，通常是单枝延长生长，不进入血管和软骨，仅在鳃小片的组织内生长，菌丝的直径为 20～25 微米，孢子较大，直径为 7.4～9.6 微米，平均 8 微米，略似 Plehn（1921）所描述的血鳃霉（Brachiomyces sanguinis）。寄生在青鱼、鳙、鲮、黄颡鱼鳃上的鳃霉，菌丝较细，壁厚，常弯曲成网状，分枝特别多，分枝沿鳃丝血管或穿入软骨生长，纵横交错，充满鳃丝和鳃小片；菌丝的直径为 6.6～21.6 微米，孢子的直径为 4.8～8.4 微米，平均 6.6 微米，与 Wundseh（1930）描述的穿移鳃霉（Brachiomyces demigrans）相似。

病鱼表现出失去食欲，呼吸困难，游动缓慢。鳃上黏液增多，有出血、瘀血或缺血的斑点，呈花鳃。病鱼有时高度贫血，整个鳃呈青灰色。急性发病的鱼在出现病情后几天内就会大批死亡。慢性发病的鱼死亡率稍低一些，逐渐死亡，检查鳃丝呈坏疽性崩解，坏死部位腐烂脱落，在脱落处形成缺凹，鳃丝苍白。最后确诊应通过显微镜检查，观察是否有分枝状的鳃霉菌丝存在。

从鱼苗到成鱼都可感染鳃霉病，尤其是鱼苗受害最大。南方养殖的鲮鱼苗对鳃霉病特别敏感，发病率达 70%～80%乃至更高，死亡率可达 90%以上，称“埋坎病”。鳃霉病在广东、广西地区较常见，长江流域的养鱼地区也有发生。敏感的鱼类有草鱼、青鱼、鳙、鲮、银鲴、黄颡鱼等，尤以 5～7 月为甚。

防治方法：发病池立即冲注新水，平时经常加水，可减少发病机会。1 米水深、每亩池塘水用漂白粉 667 克全池遍洒。鱼苗、鱼种培育池不要用大草粪肥直接沤水，而要用混合堆肥培水，清塘消毒要用生石灰。

199. 水霉病有什么症状？怎样防治？

水霉病又称肤霉病、白毛病。霉菌最初寄生时，肉眼看不出病鱼有什么异状，当肉眼看到时，菌丝已在鱼体伤口侵入，并向内外生长，向外生长的菌丝似灰白色棉絮状（图 6－6），故称水霉病。

图 6-6　鹦鹉鱼水霉病

病鱼焦躁不安，常出现与其他固体摩擦现象，患处肌肉腐烂，病鱼行动迟缓，食欲减退，最终死亡。在鱼卵孵化过程中，也常发生水霉病。可看到菌丝侵附在卵膜上，卵膜外的菌丝丛生在水中，故有“卵丝病”之称，因其菌丝呈放射状，也有人称之为“太阳籽”。

感染了水霉的病鱼和鱼卵，由于外菌丝长满成棉絮状，故肉眼可以辨认出，由于水霉的感染往往是由于鱼体受伤后，细菌和寄生虫侵入而发炎引起的，掌握这一特征，更有利于正确防治。

此病目前尚无理想治疗方法，可参考一下防治方法：①在捕捞、搬运和放养等操作过程中，勿使鱼体受伤；最好不要用受伤的鱼作亲鱼。同时注意合理的放养密度，加强饲养管理，提高鱼体抵抗力。②除去池底过多淤泥，并用生石灰或漂白粉消毒。亲鱼进池前可用高锰酸钾水溶液、碘酒等涂抹鱼体，注意涂抹时鱼体的头部应稍高于尾部。③用 3%～5%的福尔马林溶液浸洗 2～3 分钟，或 1%～3%的食盐水溶液浸洗产卵的鱼巢 20 分钟，均有防病作用。

200. 草鱼赤皮病有什么症状？怎样防治？

赤皮病又称为出血性腐败病、赤皮瘟，是草鱼和青鱼的主要疾病之一。病鱼行动缓慢，反应迟钝，独游于水面，体表局部或大部分出血发炎，鳞片脱落，特别是鱼体两侧和腹部最为明显。鳍的基部或整个鳍充血，鳍的末端腐烂，常烂去一段，鳍条间的组织也被破坏，使鳍条呈扫帚状，形成“蛀鳍”，或像破烂的纸扇状（图6－7）。严重的病鱼，在鳞片脱落和鳍条腐烂的病灶上常有水霉寄生。若与烂鳃病或肠炎病并发，则兼有烂鳃病和肠炎病的症状。

图6－7 草鱼赤皮病

赤皮病一年四季都有发生，特别在鱼类放养及捞捕后最容易发生。因为在捞捕和搬运中，鱼的皮肤最易损伤而感染病原菌。冬天，鱼的皮肤冻伤后也易感染，患病后8～10天就会死鱼。

赤皮病防治：日常管理措施要恰当，避免鱼体损伤，放鱼之前，做好清塘消毒。入池前，鱼苗用5～8毫克/升漂白粉溶液浸洗30分钟左右或用5%食盐水洗浴5～10分钟。养殖过程中，每月用生石灰或消毒剂进行1～2次全池泼洒。治疗药物主要选用氟苯尼考或甲砜霉素，拌饲，每千克体重 5～15 毫克、1 天 1 次，连用 3～5 天。

201. 草鱼细菌性肠炎有什么症状？怎样防治？

细菌性肠炎病是我国饲养鱼类中是相当严重的疾病之一。此病主要发生在 1 龄以上草鱼，当年草鱼种、青鱼亦常发生此病，鲤、鳙鱼偶尔也有发生。全国各养殖地区均有流行。流行季节为 4～9 月，其流行季节和发病程度，随气候变化而有差异。1～2 龄草鱼、青鱼发病季节为 4～9 月，当年草鱼、青鱼发病季节为 7～9 月。死亡率高达 70%以上，严重病鱼池的死亡率可达 90%以上。

病鱼一般会出现食欲减退，甚至停食的症状，体色发黑，病情严重者，腹部膨大，体侧有出血点，肛门红肿外突，轻压腹部，有黄色黏液从肛门流出。解剖鱼体可见，腹腔内充满积液，明显可见肠壁微血管充血现象，或肠壁微血管破裂，使肠壁呈红褐色（图 6－8）。解剖肠道，肠内无食物，含有许多黄色黏液。可从肝、肾、血中分离到肠炎病病原菌——点状产气单胞菌。产气单胞菌属中的细菌，可以从各种温水性养殖鱼类中分离到，也能从富营养型水体和池塘淤泥中分离到。通常认为这一类细菌是条件致病菌，只是在条件适宜的情况下，如鱼体健康受损或环境条件因素的诱发，方能导致发病。

加强池塘管理与水质管控是防治本病的重要措施，投食场周围的定期消毒也非常重要。做好彻底清塘消毒，保持水质清新，不喂变质的饲料。切实做到“四消”（池塘消毒、鱼种消毒、饵料消毒、工具消毒）、“四定”（投饵定质、定量、定时、定位），是预防此病的重要措施。

放养鱼种时，用 8～10 毫克/升的漂白粉溶液浸泡鱼种 0.5 小时，或用 2～5 毫克/升浓度的呋喃唑酮浸洗鱼种 1～2 小时。在发病季节，每隔半个月用生石灰或漂白粉在食场周围泼洒消毒，或用

图6-8 草鱼细菌性肠炎

1米水深0.67千克/亩的漂白粉，或用30～50千克/亩的生石灰全池泼洒，消毒池水。内服氟苯尼考拌饲投喂5～15毫克/千克体重1天1次，连用3～5天。混在饲料中投喂，也可制成颗粒药饵投喂，每天投喂一次，连用3天。若病情较重，第一疗程后，再投喂一个疗程，即视病情连续投喂3～6天。

202. 草鱼细菌性败血症有什么症状？怎样防治？

草鱼细菌性败血症由嗜水气单胞菌等细菌感染引起，嗜水气单胞菌能产生外毒素，具有溶血性、肠毒性及细胞毒性。此病在淡水养鱼地区广泛流行，池塘、湖泊、水库、网箱等水域均可发生此病，从鱼种到成鱼均可感染。流行时间为3～11月份，高峰期常为5～9月，尤以水温在28℃以上最为严重，死亡率最高可达100%，是危害草鱼较为严重的一种疾病。

该病在发病早期对鱼类吃食没有影响，但会表现出饲料喂的越多鱼死亡越严重。主要是因为细菌感染后进入鱼的机体组织，造成红细胞溶血，体内携氧的红细胞数量减少，过多投喂后鱼体消化饲料需要消耗大量氧气，此时会因组织缺氧而窒息死亡。后期病鱼厌食或不摄食，静止不动或在塘边狂游、乱窜，最终直至衰竭而死。病鱼的上下颌、口腔、鳃盖、眼睛、鳍基及鱼体两侧充血。肛门红肿，腹部膨大，腹腔内积有淡黄色或红色浑浊腹水。病鱼严重贫血，肝、肾、脾脏肿大，颜色较淡，脾脏呈紫黑色，肝呈花斑状。有的病鱼鳞片竖起，鳃丝末端腐烂，肌肉和鳔壁充血（图6－9）。病鱼有时出现突然死亡，眼观上看不出明显症状，这是由于这些鱼体质弱，病原菌侵入的数量多、毒力强所引起的超急性病例。

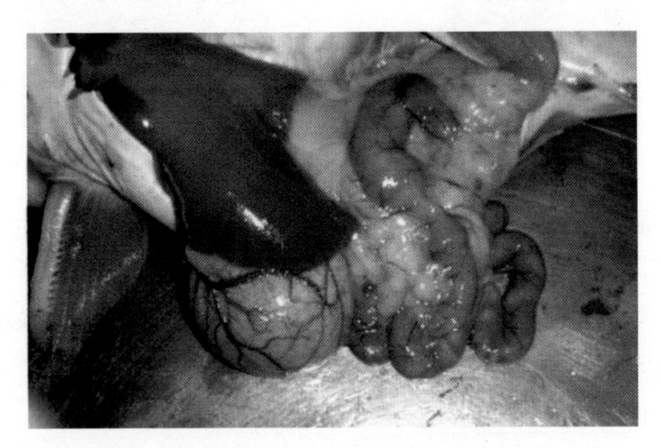

图6－9　草鱼细菌性败血症内脏

草鱼细菌性败血症的病原嗜水气单胞菌是条件致病菌，在水体里常在，在数量不是特别多、水环境比较好和鱼体质比较好的时候不会发病。也就是说，草鱼细菌性败血症是在一定条件下才会发生，主要发病原因有以下几种：①鱼池多年未清塘、淤泥厚、水质恶化，致使病原菌、寄生虫大量孳生；②特别是高温季节，长期不关注水质调控，造成鱼池的氨氮、亚硝酸盐含量很高，可诱发该病；③突然地大量换水或暴雨造成大量外源水进入可诱发疾病；④鱼体体质下降是网箱最常见的致病原因。

针对致病原因，主要的防治方法有：定期做好底质改良、调节水质。池塘淤泥较厚时，有条件的应该进行清淤，无法清淤时可1

米水深每亩用生石灰50～150千克进行底质改良。疾病高发季节，每月使用二氧化氯、聚维酮碘或者戊二醛消毒一次。

203. 草鱼病毒性出血病有什么症状？怎样防治？

草鱼病毒性出血病的致病病原体是草鱼呼肠孤病毒，多发于季节交替（水温变化大）、天气突变及水质突变时期，感染本病的鱼类为草鱼和青鱼，是草鱼最大的危害病害之一。患病鱼呈现出体色发黑，离群独游水面，反应迟钝，摄食减少或停止。

有三种典型症状：①“红肌肉”型。患病鱼外表无明显出血症状，或仅表现为轻微出血，但全身肌肉明显充血，呈红色（图6－10）；同时由于严重失血，鳃瓣出现“白鳃”。这种类型在7～8厘米体长的草鱼鱼种中比较常见。

图6－10　草鱼病毒性出血病：“红肌肉”型

②“红鳍红鳃盖”型。患病鱼的鳃盖、鳍基、口腔、眼眶、头顶等表现明显充血，但肌肉充血不明显，或仅局部出现点状充血。这种类型一般见于13厘米以上草鱼鱼种（图6－11、图6－12）。

③“肠炎”型。患病鱼体表及肌肉充血现象均不明显，但肠道严重充血，肠道全部或部分呈鲜红色，肠系膜极其脂肪有明显的点状充血，鳔壁、胆囊也常充满血丝（图6－13、图6－14）。这种类型在各种规格的草鱼鱼种中都可见到。

图 6－11　草鱼病毒性出血病：“红鳍红鳃盖”型①

图 6－12　草鱼病毒性出血病：“红鳍红鳃盖”型②

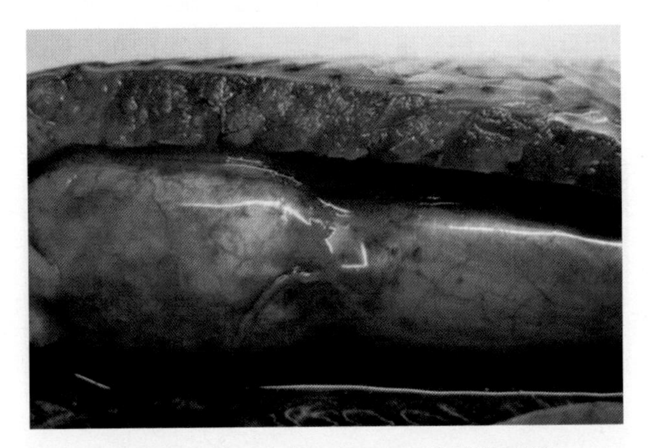

图 6－13　草鱼病毒性出血病：“肠炎”型①

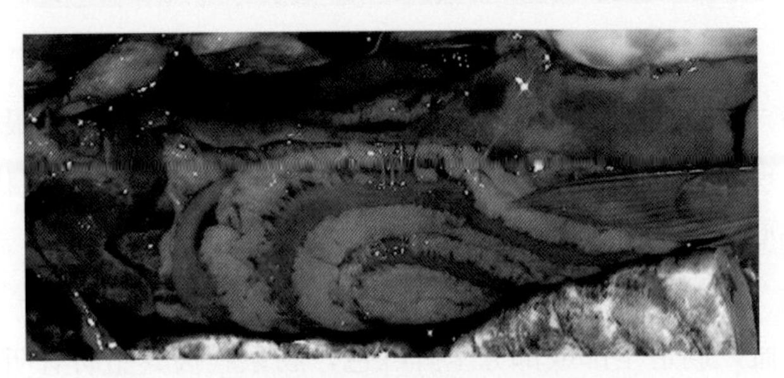

图 6－14　草鱼病毒性出血病：“肠炎”型②

该病流行范围广，发病季节长，发病率高。从 2.5～15 厘米大小的草鱼都可发病，以 7～10 厘米的当年鱼种最为普遍，有时 2 足龄以上的大草鱼也患病。青鱼、麦穗鱼也可感染，但其他鱼类如鲢、鳙、鲤、鳊等未见感染。该病从 4～5 月开始流行，流行季节一般为 6 月下旬到 9 月底，10 月上旬仍有流行，8 月为流行高的季节。一般发病水温在 20～30 ℃，最适流行水温为 27～30 ℃。该病的传染途经有两个：一是水平传播，二是垂直传播。病毒的传染源主要是带病毒的草鱼、青鱼以及麦穗鱼等。

预防方法：做好池塘日常清淤消毒，改良水质或底质以营造良好的环境减少草鱼的应激；注意引种来源，确保苗种健康；发病季节到来前，通过口服或人工注射草鱼出血病组织灭活苗或细胞培养灭活苗，增强鱼的特异性免疫力，可有效降低草鱼出血病的发病率。

需要注意的是一旦确诊为该病，在防治药物上不得使用强刺激性的药物如强氯精或漂白粉、敌百虫、硫酸铜等治疗，更不得使用任何外用杀虫剂作为治疗药物；死亡量大或水质不良时，须首先改良水质，然后用药；死亡量大时应停食 1～2 天。每千克体重、大黄 200 克，黄芩 200 克，黄柏 200 克，板蓝根 200 克，食盐 170 克，粉碎，拌饲投喂，每天 2 次，连用 7～10 天。

204. 孢子虫病有什么症状？怎样防治？

引起孢子虫病的病原是碘泡虫、单极虫、尾孢虫等黏体动物。黏体动物几乎可寄生于鱼类的任何一个器官或组织，亦能使其寄生部位发生病变，黏体动物引起鱼类病变的常见器官或组织为神经系统、肠道、肾脏、膀胱、肌肉、心脏、鳃、喉部、皮肤等。鲤、鲫鱼常见黏孢子虫病（图 6－15）。

孢子虫的发病时间从 5～10 月都会发生，但暴发时间一般在 7～9 月。因寄生部位不同引起的表现症状不一样，通常情况下表现为吃食量下降，随后停食、游边等，影响鱼的生长、发育。主要

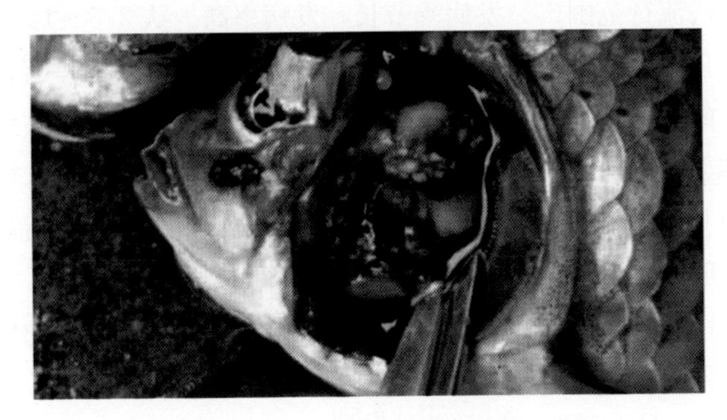

图 6-15　患孢子虫病的鲫

侵袭鱼的鳃、内脏组织和皮肤，往往使全身布满白色点状或块状孢囊，鱼体皮肤或鳃部组织受到破坏，被细菌感染而腐烂，导致鳃组织呼吸机能受到阻碍，病鱼最终死亡。取包囊压片显微镜检查，发现包囊内含有大量的黏孢子虫即可确诊（图 6-16）。

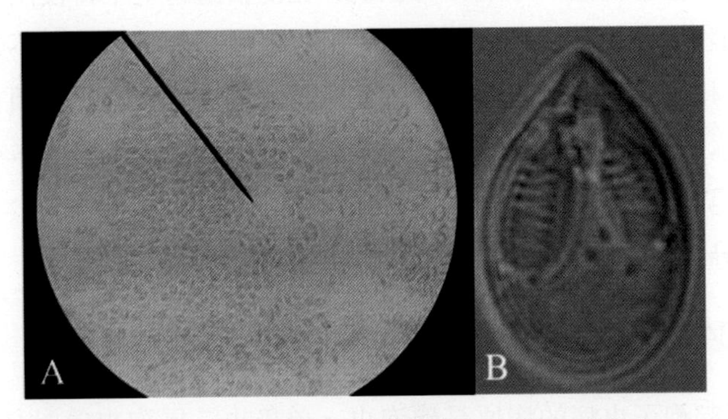

图 6-16　A. 显微镜下的碘泡虫；B. 单个碘泡虫

放养前做好池塘清淤，有条件的池塘进行冬季晒塘。在苗种放养前 10～12 天，按 1 米水深，每亩用 100～150 千克生石灰化水或 6.5 千克漂白粉全池泼洒，杀灭淤泥中的孢子。不从发病的渔场购买苗种，减少发病机会，降低发病率。现阶段，基本没有能够有效驱除体表、鳃上孢子虫胞囊和控制体内孢子虫发育的外用药。

205. 锚头鳋病有什么症状？怎样防治？

锚头鳋病又称针虫病、蓑衣虫病。主要发生在鱼种和成鱼阶段，引起鱼种死亡和影响亲鱼性腺发育，对鲢、鳙鱼种危害最大，在发病高峰季节，鱼种能在短期内出现暴发性感染，而造成鱼种大批死亡，鳗鲡中见有锚头鳋寄生致病，水温 12～33 ℃都可以繁殖。常见的病原体有三种：寄生在鲢、鳙鱼体表、口腔的为多态锚头鳋，寄生在草鱼鳞片下的为草鱼锚头鳋，寄生在鲤、鲫、鲢、鳙、乌鳢、金鱼等体表的为鲤锚头鳋，对鱼体危害最大的是多态锚头鳋。

发病初期。病鱼呈现急躁不安、食欲减退。如大量寄生于口腔引起病鱼不能摄食，继而鱼体消瘦。游泳迟缓，6～7 厘米长的鱼种患病后还可以引起鱼体畸形、弯曲。失去平衡。由于锚头鳋以头角钻入寄主组织内，引起周围组织红肿发炎（图 6 - 17），裸露在外的虫体后半部体表常有累枝虫和藻类、水霉菌等附生，当严重感染时，鱼体好像披着蓑衣，故有“蓑衣病”之称。

图 6 - 17　鲫鱼寄生锚头鳋

在鱼种放养时严格检查，用高锰酸钾溶液或食盐水浸泡鱼体。做好清塘、清淤工作。利用锚头鳋对寄主有选择性的特点，可采用轮养方法控制本病发生。在该虫繁殖季节，全池泼洒 90％敌百虫，用量为 1 米水深，0.2～0.4 千克/亩，每两周 1 次，连用 2～3 次。

206. 指环虫病有什么症状？怎样防治？

指环虫病是鱼苗、鱼种阶段常见的寄生虫性鳃瓣病，主要危害草鱼、鲢鱼、鳙鱼、鲤鱼、鲫鱼、团头鲂以及金鱼。越冬鱼种在开春后即开始发病，流行季节在春末夏初。不仅流行于池塘养鱼，在小型水库和湖泊中也发生大批死亡。我国各主要养鱼地区都有流行，以长江流域比较严重。病原体种类较多，寄生草鱼的有鳃片指环虫和鲩指环虫，寄生鲢鱼的有鲢指环虫，寄生鳙鱼的有鳙指环虫，寄生鲤、鲫、金鱼的有坏鳃指环虫等。

指环虫以其锚钩及边缘小钩钩住寄主的鳃组织，不断地在鳃上作尺蠖虫式的运动而破坏鳃丝的表皮细胞，引起鳃组织损伤，产生大量黏液、呼吸困难、食欲减退、游动缓慢。鳃片局部充血，或失血，故称花鳃。严重时，因鳃丝肿胀（图 6－18），引起鳃盖张开，幼小的鱼苗，特别是鳙鱼苗，常显现出鳃器官浮肿，鳃盖难以闭合的病症。

图 6－18　寄生指环虫病鱼鳃部

防治方法：①夏花鱼种放养前宜用 1 毫克/升的晶体敌百虫浸洗 20～30 分钟，可较好地预防指环虫病。②用 1 米水深 0.1～0.3

千克/亩的晶体敌百虫（含量 90%以上）全池遍洒，可治疗养殖鱼类和金鱼的指环虫病。③晶体敌百虫和面碱（碳酸钠）合剂（1∶0.6），浓度为 1 米水深，0.06～0.13 千克/亩，全池泼洒。④20 毫克/升的高锰酸钾浸洗病鱼，水温 10～20 ℃时浸洗 20～30 分钟，水温 20～25 ℃时浸洗 15～20 分钟，水温 25 ℃以上时浸洗 10～15 分钟。

207. 鲤疱疹病毒病有什么症状？怎样防治？

鲤疱疹病毒病具有专一性，只危害鲤鱼和锦鲤，同塘的其他品种均不发病，呈现的症状是发病急，死亡量大，病鱼眼球凹陷，头部萎缩，头和背部发黑，尤其头部最明显，体表无其他病症，发病初期，鳃部黏液增多，和正常鳃没多大区别，眼睛凹陷也不明显，随着病情发展，眼睛凹陷明显，鳃片局部坏死呈白色（图 6－19），解剖可见肝脏出血，脾、肾肿大，严重时鱼鳔上有出血点。

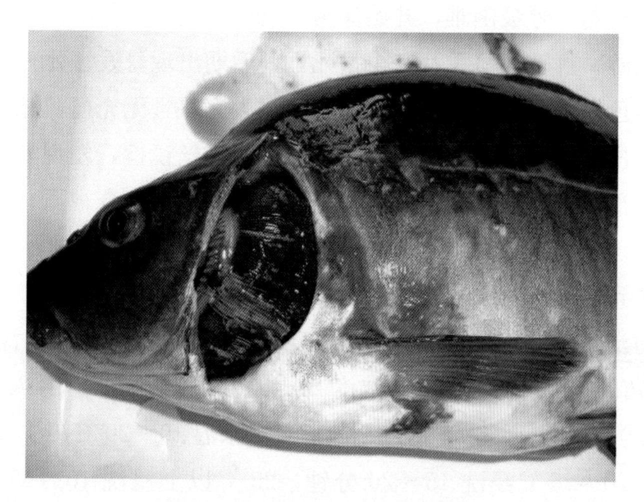

图 6－19　鲤鱼患鲤疱疹病毒病

鲤疱疹病毒病主要通过水平传播，暴发后的幸存鱼可将病毒传染给其他健康鱼，水是传播病毒的主要非生物载体，病毒粒子通过带毒鱼的粪便、尿液、鳃和皮肤黏液排出传播。要定期调节水质，使水保持良好状态，加强水源、鱼、设施等的严格消毒。合理使用增氧机，特别是晴天中午一定要坚持开机2～3小时，减少底部氧债。合理投放鱼种数量和使用饲料，不能盲目追求生长速度。投喂益生菌和免疫多糖类的免疫增强剂增强鱼体免疫力，提高抗病力。

208. 鲤斜管虫病有什么症状？怎样防治？

鲤斜管虫寄生在鱼的鳃、体表，刺激寄主分泌大量黏液，使寄主皮肤表面形成苍白色或淡蓝色的黏液层，组织被破坏，影响鱼的呼吸功能，主要危害鱼苗、鱼种，往往造成很大的经济损失，观赏鱼亦被寄生，流行季节在每年3～5月，适合斜管虫大量繁殖的水温是12～18℃，水温低至8～11℃时，仍有可能出现。

发病初期，鱼体表无明显症状出现，仅少数个体浮于水面，摄食能力减弱，呼吸困难，开始浮头，反应迟钝，鱼苗游动无力，在水中侧游、打转，每天都有少量死亡，后期出现暴发性死亡。死亡个体体色稍深，口张开，不能闭合，体表完整且无充血，鳃丝颜色较淡，皮肤、鳃部黏液增多。剪取尾鳍和鳃丝镜检，发现大量活动的椭圆形虫体（图6-20），在显微镜下观察，一个视野内达100个以上。由于虫体的强烈机械运动，引起黏液分泌增加和鳃丝肿大，导致呼吸困难而使大量鱼苗死亡。

防治方法：①硫酸铜、硫酸亚铁合剂（5∶2）1米水深0.46千克/亩。②福尔马林浸泡：浓度20～30毫克/升（稚鱼用20毫克/升）。③高锰酸钾浸泡：浓度20克/升，水温10～20℃浸洗20～30分钟，20～25℃浸洗15～20分钟，25℃以上浸洗10～15分钟。④苦楝树枝叶，煮水全池泼洒，按水深1米，每亩用25～30千克。⑤发病池可用硫酸铜硫酸亚铁合剂（5∶2）0.47千克/亩与强氯精0.33千克/亩混合，全池遍洒，病情严重的池塘可连用2次。⑥按水深1米，每亩用阿维菌素15～25克全池泼洒。

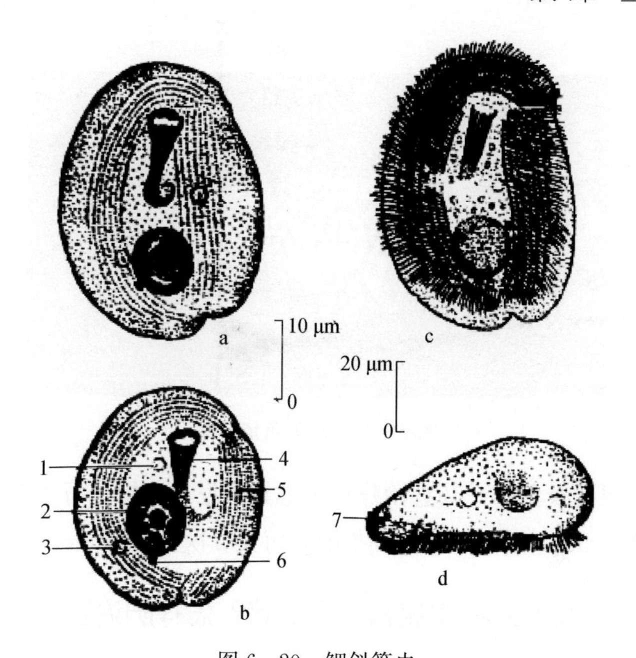

图 6－20　鲤斜管虫

a、b、c. 腹面观　d. 侧面观　a、b. 固定和染色标本　c、d. 活体
1. 伸缩泡　2. 大核　3. 伸缩泡　4. 口管　5. 纤毛线　6. 小核　7. 刚毛

209. 鲤科鱼疥疮病有什么症状？怎样防治？

疥疮病主要危害鲤科鱼成鱼，虽然主要流行在欧美、日本等地，但是在中国也偶有出现，该病也会引起鱼类死亡。主要发生于稚鱼和幼鱼培育期，主要危害青鱼、草鱼、鲤鱼和团头鲂。没有明显的发病季节，一年四季均有发生。该病的病原为介疮型点状产气单胞杆菌。

鱼体病灶部位的皮下肌肉组织长脓疮、溃烂，出现隆起红肿，用手摸有浮肿的感觉，脓疮内部充满脓汁，周围的皮肤和肌肉出现发炎充血，严重时肠也会出现充血。鳍条基部常常充血，严重的形成“蛀鳍”（图 6－21）。

做好清塘清淤工作，发病季节每月全池泼洒生石灰 1 次，或用含氯消毒剂全池泼洒消毒。防止鱼体机械性损伤，在捕捞、搬运过

图 6-21　鲤科鱼疥疮病

程中不要伤及鱼体。药物治疗可考虑氟苯尼考药饵，每 100 千克饲料中添加 50 克氟苯尼考拌饲投喂，每天 2 次，连用 3～5 天。

210. 鲤春病毒血症有什么症状？怎样防治？

鲤春病毒病又名鲤鱼鳔炎症，也称作急性传染性腹水症、鲤鱼传染性腹水症等，是一种急性出血性传染性病毒病，常在鲤科鱼特别是在鲤鱼中流行，任何年龄的鱼均可患病，该病通常于春季暴发并引起幼鱼和成鱼死亡。

病鱼主要症状有体色发黑，呼吸困难，运动失调（侧游，顺水漂流或游动异常）。腹部膨大，眼球凸出，肛门红肿，皮肤和鳃渗血。解剖以全身出血、水肿及腹水为特征（图 6-22）。消化道出血，腹腔内积有浆液性或带血的腹水。心、肾、鳔、肌肉出血及炎症，尤以鳔的内壁最常见。

严格检疫，要求水源、引入饲养的鱼卵和鱼体不带病毒。发现患病鱼或疑似患病鱼必须销毁，养鱼设施用二氯异氰脲酸钠或二氧化氯等全面消毒，同池其他养殖对象在隔离场或其他指定地点隔离观察。必要时采用聚维酮碘、含氯消毒剂和中草药进行预防。如有疑似发病采用聚乙烯氮戊环酮碘剂（PVP）拌料投喂，可降低死亡率。

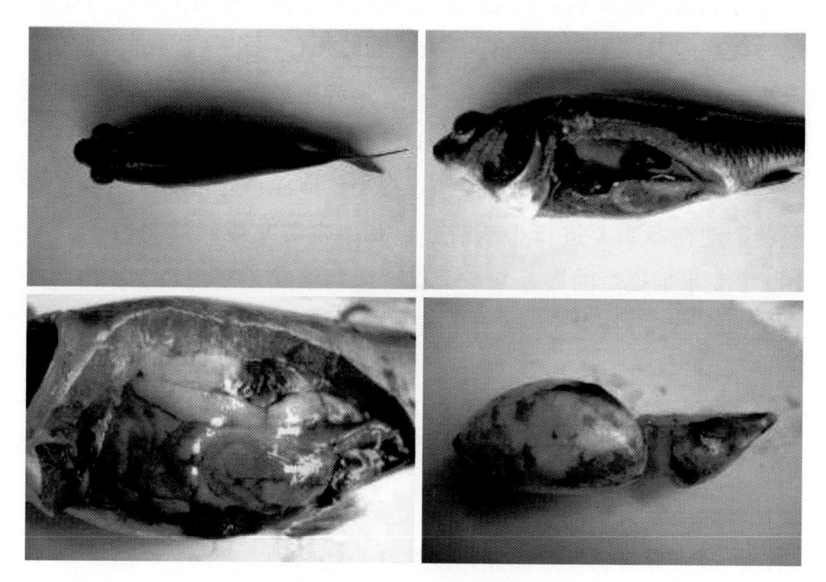

图 6-22　鲤春病毒病

211. 竖鳞病有什么症状？怎样防治？

竖鳞病又称松鳞病或鳞立病，是鲤、鲫、金鱼的常见病。我国各养鱼地区均有发生。竖鳞病有两个流行期，一为鲤鱼产卵期间，二为鲤鱼越冬期间，死亡率高达 50%。我国南方饲养的草鱼、鲢、鳙有时也会发生竖鳞病。

病鱼体表用手摸去有粗糙感，鱼体后部部分鳞片向外张开像松球，鳞的基部水肿，以致鳞片竖起（图 6-23）。用手指在鳞片上稍加压力，渗出液就从鳞片基部喷射出来，鳞片也随之脱落，脱鳞处形成红色溃疡，并常伴有鳍基充血，皮肤轻微充血，眼球突出，腹部

图 6-23　竖鳞病

膨胀等症状。随着病情的发展，病鱼游动迟钝，呼吸困难，身体倒转，腹部向上，如此持续2～3天，陆续死亡。此病主要危害鲤鱼，有两个流行时期：一为鲤产卵期；二为鲤越冬期。一般以鲤鱼产卵期为主要流行时期，死亡率最高的可达85%。

在捕捞、搬运、放养等操作过程中，应注意防止鱼体受伤。亲鲤产卵池在冬季要进行干池清整，并用生石灰或漂白粉消毒。每100千克水加捣烂的大蒜0.5千克，搅匀给病鱼浸洗数次。用2%食盐与3%小苏打混合液给病鱼浸洗10分钟，或3%食盐水浸洗病鱼10～15分钟。

212. 黄颡鱼红头病有什么症状？怎样防治？

黄颡鱼红头病的病原为鲇鱼爱德氏菌，该病在临床上根据症状，一般可分为急性败血症，慢性红头病两种。

急性败血症发病急，死亡率高，一般在水温迅速升高或者水质恶化的情况下暴发，主要症状为病鱼头朝上、尾朝下，或在水面呈间歇性螺旋状转游，病鱼腹部膨大，鳍条基部、下颌、鳃盖、腹部可见细小充血、出血斑，肛门及生殖孔充血，出血外突等。

慢性红头病发病慢，病程长，可达1月有余，初期无明显症状，随着病程发展，病鱼食欲减退，离群缓游，反应迟钝，后期病鱼头顶充血，出血，发红，在颅骨正上方形成一条带状凸起或出血性溃疡带，头顶穿孔，头盖骨裂开（图6-24），甚至露出脑组织，因此养殖户又称该病为红头病、头顶病、红脑门等。

该病多发生于春、夏、秋养殖季节，水温在18～28℃，主要危害黄颡鱼鱼种或成鱼，传染性强，发病感染10%～20%，感染后死亡率可达70%，经济损失严重。

防控方法：调控水质，增加溶氧。发现发病后，立即用抗菌药物治疗，治疗2天后，再针对性施用寄生虫性药物治疗2天，最后再用抗菌药物治疗1天，基本可痊愈。注意：黄颡鱼是无鳞鱼，药物忍受能力不及常规鱼，所以，对黄颡鱼用药时一定要咨询有关技

图 6-24　黄颡鱼红头病

术人员，力求做到所用药物种类正确、浓度合适、用量准确、时间恰当、方式科学。黄颡鱼尤其对硫酸铜、高锰酸钾、敌百虫等药物比较敏感，要慎用。

213. 打印病有什么症状？怎样防治？

打印病又称腐皮病，是鲢、鳙鱼的主要病害之一，在鱼种阶段以及成鱼、亲鱼均可感染，发病严重的鱼池感染率可高达80%以上，全国各养鱼地区都有此病发生，四季均有发现，但以夏、秋两季最为常见，严重地影响鱼种和成鱼的生长及亲鱼的产卵率。

鱼种或成鱼患病的部位通常在肛门附近的两侧或尾鳍基部，极少数在身体前部。亲鱼患病无固定部位，全身各部位都可出现病灶。发病初期症状是皮肤及其下层肌肉出现红斑，随着病情的发展，鳞片脱落，肌肉腐烂，直至烂穿露出骨骼和内脏。病灶呈圆形或椭圆形，周缘充血发红，颇像打上了一个红色印记（图 6-25），故称打印病。病情严重的病鱼，身体瘦弱，游动缓慢，食欲减退，最后衰竭死亡。

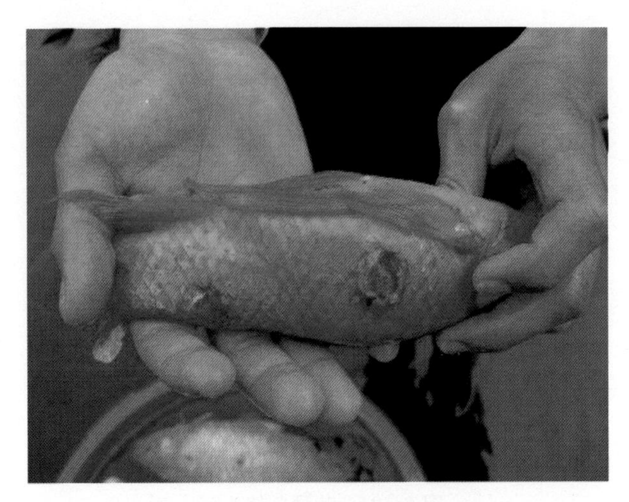

图 6－25　打印病

注重养殖水体的洁净，避免寄生虫的侵袭，在拉网、运输时操作要细心谨慎，切勿使鱼体受伤而给致病菌提供感染的机会。四环素软膏涂抹患处。发病季节经常用漂白粉全池遍洒消毒杀菌预防，1 米水深 0.67 千克/亩，或用三氯异氰尿酸全池遍洒使池水成 0.2 千克/亩的浓度，保持良好水质。

214. 碘泡虫病有什么症状？怎样防治？

鲤鱼碘泡虫病多为野鲤碘泡虫和佛山碘泡虫寄生引起的，鲫鱼、黄颡鱼碘泡虫病多是由鲫碘泡虫、圆形碘泡虫和歧囊碘泡虫引起的鱼病。发病时可见在吻部、鳃、鳍条、体表上出现大量乳白色圆形状胞囊（图 6－26），白色胞囊大小不等或重叠起来呈灰白色。患碘泡虫病的病鱼，鱼体消瘦，特别是各种胞囊让人望而生畏，使鱼失去商品价值。多发生在鱼苗、鱼种阶段。

对碘泡虫病预防重于治疗，禁止从疫区或疾病高发地区购买苗种，鱼苗放养前用 20 毫克/升的高锰酸钾浸泡 30 分钟，保持水体清洁。碘泡虫在鱼体不同部位形成孢囊，一般很难用药物彻底杀灭孢子，内服外消结合治疗能起到较好疗效，内服盐酸左旋咪唑 8～

10 毫克/千克（以体重计）。按 1 米水深，每亩鱼池泼洒 125 千克生石灰，做好清塘清淤。病鱼可用 500 克/升的高锰酸钾溶液浸洗 20～30 分钟。

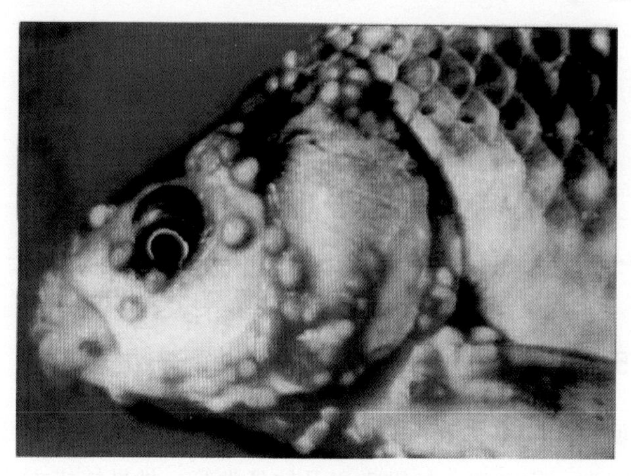

图 6－26　碘泡虫病

第七章 产　品

第一节 捕　捞

215. 水产养殖有哪些常见的捕捞方法?

常见的捕捞工具有刺网类、围网类、拖网类、拉网类、罾网类、张网类、敷网类、抄网类以及钓具类等。常见捕捞方法有以下几种:

(1) 刺网捕捞方法 刺网又称丝网、挂网,是把水平方向很长而高度很短的刺网横截于鱼类的通道上,使鱼类在洄游或受惊时逃窜以头部钻入网目之中或触及松弛而柔软的网片,被网衣缠裹而达到捕捞的目的。常见刺网包括单片刺网、双重刺网、三重刺网、无下纲刺网、定制式刺网、漂流式刺网、包围式刺网、拖拽式刺网等。

(2) 围网捕捞法 围网是在察知鱼群后,渔船快速沿圆形行驶并同时放出长带形网具,网衣在水中垂直张开形成网壁,阻拦鱼群的逃逸,然后逐步缩小包围圈或收紧网具底口,迫使鱼群集中到取鱼部而捕获之。按结构分为有囊围网和无囊围网两种型,无囊围网还可分为有环和无环围网。

(3) 张网渔捞法 张网是将网具敷设在江河、湖泊、水库等水域中具有一定水流速度的区域,依靠水流的冲击迫使鱼类进入网囊中,从而达到捕捞的目的。

（4）联合捕捞法 利用大量的拦网，将鱼群一点点的驱赶到一个特定的水域，在特定水域设下张网，最终把鱼群赶进网箱，以便起捕。

（5）钩钓捕捞法 钩钓捕捞是指在一根长线上安装钓钩，并在钩上装上水蛭、蚯蚓、小鱼等诱饵，然后把钓钩放在鱼类活动的通道上，晚放早收。用这种捕捞方法可以捕获鳗鱼、鲫鱼、鲤鱼、黄颡鱼、鳜鱼等。

（6）地笼捕捞法 地笼是沉入泥底的，因此取名"地笼"。由塑料纤维做成，分有接头和无接头两种，一般长度为15米，宽、高各为0.3米。地笼无论长短都由许多节组成并全部连通，里面的状况很复杂，鱼一般进入到地笼里就很难出来。地笼捕捞法主要用于捕获大水面的蟹、小鱼、黄鳝、泥鳅、螃蟹、虾等特种水产。

216. 池塘捕捞有哪些注意事项？

（1）天气情况 拉网起捕要选在晴天、气候凉爽、池塘鱼不浮头的黎明前后进行。

（2）捕前限饲 在拉网起捕前的一天应停止供食或减少投喂量，不要为了增加鲜鱼的上市体重而大量投喂精料，否则会造成得不偿失的后果。此外，拉捕前一两天还应消除池塘中残渣剩饵以及漂浮在水面的杂物。

（3）掌握拉捕方法

（4）加强捕后管理 拉捕后要及时灌注新水或开启增氧机增氧，消毒及水质调节。

217. 为什么池塘捕捞前一天要停食？

因为鱼饱食后耗氧量增大，在拉网起捕时会受惊跳跃、逃窜，容易引起伤亡。因此，在捕捞前一天应停止供食或减少投喂量，鱼饥饿状态下抗应激力要强一些，不要为了增加鲜鱼的上市体重而大量投喂精料，饱食状态下捕捞鱼容易死，运鱼时死亡率也会提高。

218. 什么是轮捕轮放?

轮捕轮放是指在高密度精养鱼池中，利用养殖鱼类不同生长阶段的生长优势，实行一次放足，分期捕捞，捕大留小或捕大补小。

轮捕轮放必须掌握“一次放足，分期扦捕，捕大留小，边捕边放”的原则。补放的夏花或鱼种可根据规格和生产计划，尽量做到成鱼池套养，来年的大规格鱼种达到基本自给。轮捕轮放的技术要点：要求操作细致、熟练、轻快。

219. 夏季如何捕捞“热水鱼”?

夏秋季轮捕轮放是在水温高、鱼吃食旺盛、活动能力强、鱼的耗氧量大、鱼不耐较长时间密集的情况下进行的，俗称捕“热水鱼”。

① 轮捕时间要选择在下半夜、黎明或早晨天气凉爽、水温较低、鱼类活动正常的时候进行。如天气闷热、鱼类出现浮头或有浮头征兆，则严禁扦捕。如发生鱼病等情况也要禁捕。

② 轮捕前一天适当减少投饵量，并在扦捕前把水面上的草渣污物捞清。扦捕时鱼网围集后，将不符合标准的小鱼尽快放回池中，不要因密集过久而受伤，影响以后生长。

③ 拖网后，鱼经过剧烈活动，鱼体分泌大量黏液，同时池水混浊，鱼的呼吸和有机质分解耗氧增大，必须立即注入新鲜水和开增氧机，使鱼顶水，以冲洗鱼体上过多黏液，增加溶氧，防止浮头。在夜间捕鱼的，注水或增氧机要待日出后方可停泵停机。

第二节　运销与加工

220. 活鱼长途运输车需要配备哪些设备?

(1) 活鱼箱系统　活鱼箱有敞开式和封罐式两种，前者为方形和长方形水箱，后者为油罐斜水箱。材料有铜、铝、钢、不锈钢和玻璃钢等。活鱼箱一般配 2～3 套射流器，水温 20 ℃时，鱼水比是 1∶1，30 ℃时鱼水的比是 1∶2。

（2）增氧系统　有喷淋式、纯氧式、充气式和射流式 4 种。

（3）动力系统　活鱼车有多种系统设备，必须要有传动这些装置的动力系统，如发电装置、专用副机和主机传动等。

221. 活鱼长途运输有哪些注意事项?

① 在运输过程中，鱼的皮肤分泌的大量的黏液、排出的粪便和水中其他有机物等的分解，会消耗大量氧气，常常造成鱼类死亡，因此运输前须停食 1～2 天，并对鱼体进行锻炼。运输时选用水温较低、含有机质较少的水（最好用井水），以减少运输途中的耗氧因子，提高运输成活率。

② 检查氧气是否正常，一般每 1.5 小时查看一次。氧气过大会使鱼体兴奋撞箱，过小会造成缺氧窒息而死。

③ 检查水温是否升高，可根据实际情况合理添加冰块。

④ 检查水质是否变化，及时换水。

⑤ 检查是否有死鱼，及时捞出，找出原因，并做好处理措施。

222. 为什么淡水鱼通常采用冷冻贮藏?

鱼肉蛋白质含量高，若采用冰藏保鲜和微冻保鲜等低温保鲜技术，可使其体内酶和微生物的作用受到一定程度的抑制，但并未终止其活性，经过一段时间后仍会发生腐败变质。为了保证品质，必须把水产品的温度降低至－18 ℃以下，使体内 90%以上的水分冻结成冰，成为冻结水产品，并在－18 ℃以下的低温进行贮藏。

223. 为什么淡水鱼肉蛋白质易发生冷冻变性?

鱼肉冷冻变性是指将淡水鱼肉直接进行冻结贮藏时，因鱼肉的肌原纤维蛋白组织比较脆弱，极易发生蛋白质变性，从而失去凝胶形成能力。冷冻变性极大地限制了淡水鱼的贮藏和加工，这个问题一直是水产品质量研究的重点。影响因素主要有原料鱼的鲜度和种类、冻结速度、冻藏条件等，防止措施主要有漂洗，镀冰衣，添加糖类物质、多磷酸盐、抗氧化剂等。

224. 淡水鱼有时候为什么会有土腥味?

草鱼、鲢鱼等淡水鱼常有一股土腥味，这是因为淡水鱼的生活环境，如鱼塘、湖泊中的腐殖质较多，很适合微生物的生长。研究表明一些蓝藻和绿藻门生物能产生具有土腥味的物质，土腥味主要是由于2-甲基异莰醇（MIB）和土腥素（Geosmin）两种物质产生的。土腥味通过鱼鳃进入血液中，故淡水鱼会有土腥味。

225. 如何去除淡水鱼中的土腥味?

去鳞除鳃，剖肚洗净后，放在冷水中浸泡，水中倒入少量的醋和胡椒粉。由于冷水把鱼体中的血液置换出来，并加入了除腥姜、葱、大蒜等佐料，可除去腥味。近年来国内外加工业中关于脱腥方法的研究主要有盐溶液浸泡、茶溶液浸泡、脱腥剂法、臭氧法等。

226. 鱼干制品主要有哪些加工方法?

（1）生干品 原料不经盐渍、调味或煮熟处理而直接干燥的制品称为生干品。生干品的主要优点是，原料组成、结构性质变化较少，复水性好，水溶性营养物质流失少，基本上保持原有品种的良好风味，并有较好的色泽。

（2）煮干品 以新鲜原料经煮熟后进行干燥的制品称为煮干品。制品具有较好的味道和色泽，食用方便，能较长时间地贮藏。

（3）盐干品 经过盐渍后干燥的制品称为盐干品。一般都用于不宜进行生干和煮干的大、中型鱼类的加工和来不及进行煮干的小杂鱼加工。优点是加工操作比较简便，适合于高温和阴雨季节的加工，制品的保藏期限较长。盐干品有两种制品，一种是腌渍后直接进行晒干的鱼制品，一种是腌渍后经漂淡再行干燥的制品。

（4）调味干制品　原料经调味料拌或浸渍后干燥的制品称为调味干制品，也可以先将原料干燥至半干后浸调味料再干燥。调味干制品有一定的保藏性能，产品大部分可直接使用，携带方便，是一种价廉物美、营养丰富的产品。

227. 为什么冷冻鱼糜加工过程中需要漂洗?

漂洗可以除去鱼肉中的有色物质、气味、脂肪、残余的皮及内脏碎屑、血液、水溶性蛋白质、无机盐类等，可以使鱼糜色泽更白和弹性更强。

228. 为什么通常选用鲢生产鱼糜和鱼丸产品?

鲢是淡水渔业生产中总产较高、市场价格较低的养殖品种，鲢属少脂、白色肌肉鱼类，生产成本较低。将鲢加工成鱼糜，再将鲢鱼糜做成冷冻鱼丸上市，可提高鲢的附加值，取得较好的经济效益。

229. 为什么要对我国传统腌腊鱼的生产工艺进行革新?

腌腊鱼制品是我国一种重要的传统食品，我国居民每到冬天都有制作腌腊鱼的传统习俗，因其风味独特而深受消费者欢迎。但我国腌腊制品一直采用自然温度下的干腌、晒干等传统工艺生产，采用自然温度干腌时，需用高浓度食盐才能防腐，腌制时间长，而采用自然晒干，则其生产周期长且易受气候影响，特别是鱼体所含大量高度不饱和脂肪酸（约占总脂肪酸量的30%）在太阳光紫外线作用下易氧化。现代医学已经证明，低盐有利于预防心脑血管疾病，高度不饱和脂肪酸有利于预防和治疗心脑血管疾病。而腌腊鱼传统生产工艺存在高盐、生产周期长且受气候影响大、高度不饱和脂肪酸易氧化等问题，已不能适应人们对健康饮食的需求、不能满足规模化生产的需要。“低盐低温腌制、低温干燥与复合调味技术”

是针对传统腌腊鱼制品生产工艺中存在的问题而开发出来的一项新技术，采用该技术可促进乳酸菌生长，加快腌腊鱼发酵和风味形成，克服了传统工艺的高盐缺陷，且可防止鱼体中高度不饱和脂肪酸氧化，提高产品的营养价值和质量稳定性。

第三节 质量安全管理

230. 为什么要进行生产责任管理？

一方面是增强生产经营单位各级负责人员、各职能部门及其工作人员和各岗位生产人员对安全生产的责任感；另一方面明确生产经营单位中各级负责人员、各职能部门及其工作人员和各岗位生产人员在安全生产中应履行的职责和应承担的责任，以充分调动各级人员和各部门生产积极性和主观能动性，确保安全生产。

231. 为什么要进行档案管理？

进行档案管理可使养殖更加规范化、可增加对养殖技术的理解和提高、可形成系统的养殖数据库，为技术人员对养殖过程中出现的各种问题尽快做出准确的诊断并采取应对措施提供资料和依据。水产养殖生产档案记录保存期商品鱼为两年，苗种培育为五年。

232. 一般生产档案记录有哪些内容？

一般生产档案记录主要有池塘基本情况表、气候记录表、苗种投放记录表、饲料采购和投喂记录表、渔药采购和使用记录表、养殖生产记录表、产品销售记录表。水产养殖生产档案记录本详见附录一。

233. 为什么要建立水产品质量安全追溯制度？

水产品质量安全可追溯体系针对水产品从生产到销售全环节的

信息进行追溯性管理，并将其反馈给社会大众，一方面解决了水产品生产者和消费者之间的信息不对称问题，另一方面也通过全链条随时随地的信息监管进一步加强水产品质量安全的管理，降低水产品安全事故风险。

234. 水产养殖场的一般组织结构是什么？

水产养殖场的一般组织结构如图 7 所示。

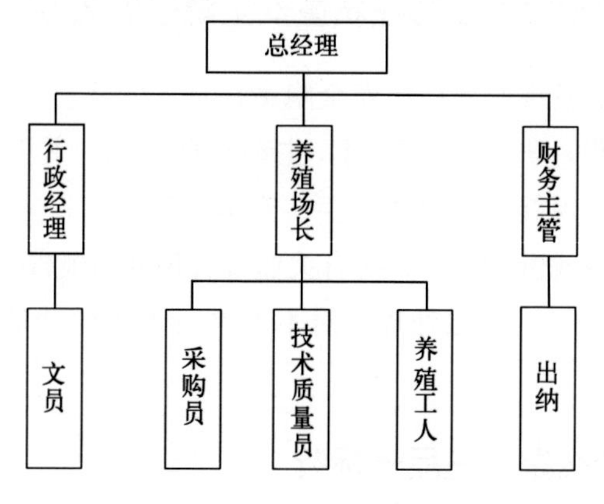

图 7　水产养殖场组织结构

235. 水产养殖场长的职责是什么？

水产养殖场的场长具有以下具体工作任务和岗位职责：负责养殖场的生产计划的制订、分解和落实工作；负责养殖场生产的组织管理、监督指导和协调，制定养殖计划、审核养殖记录，按销售订单要求安排组织生产，完成生产任务；负责技术研发、创新；负责饲养生产过程中产品品质的控制，不断改善饲养技术，提高防疫能力，确保鱼类饲养质量；负责人员调配、制定生产操作标准，做好环境保护和劳动保护，不断改善劳动条件，保证安全文明生产；负责员工工作考核，开展员工技术培训和安全培训，不断提高员工技能和素质。

236. 技术质量人员的职责是什么?

负责技术指导、技术开发创新等技术工作；负责组织产品质量管理及生产卫生环境管理、计量管理、质量检验标准等制度的拟订、检查、监督、控制及执行；负责建立和完善质量管理体系。严格按照生产标准与质量标准，制定和完善质量管理目标负责制，确保产品质量。

237. 发现水产品存在质量安全隐患怎么办?

生产企业发现产品存在安全隐患，首先向社会公布有关信息，通知停止销售，告知停止使用，主动召回产品，并向有关部门报告；销售者发现其销售的产品存在安全隐患，首先立即停止销售，通知生产企业或供货商，并向有关监督管理部门报告。对有安全隐患的水产品进行无害化处理，对不能进行无害化处理的予以监督销毁。

238. 什么是“三品一标”?

无公害农产品、绿色食品、有机农产品和农产品地理标志统称“三品一标”。

(1) 无公害农产品 是指产地环境和产品质量均符合国家普通加工食品相关卫生质量标准要求，经政府相关部门认证合格、并允许使用无公害标志的食品。无公害农产品发展始于本世纪初，是在适应入世和保障公众食品安全的大背景下推出的，农业部为此在全国启动实施了“无公害食品行动计划”。

(2) 绿色食品 是指无污染、优质、营养食品，经国家绿色食品发展中心认可，许可使用绿色食品商标的产品。由于与环境保护有关的事物我国通常都冠以“绿色”，为了更加突出这类食品出自良好的生态环境，因此称为绿色食品。绿色食品产生于20世纪90年代初期，是在发展高产优质高效农业大背景下推动起来的。

(3) 有机农产品 是指根据有机农业原则，生产过程绝对禁止使用人工合成的农药、化肥、色素等化学物质和采用对环境无害的方式生产、销售过程受专业认证机构全程监控，通过独立认证机构认证并颁发证书，销售总量受控制的一类真正纯天然、高品位、高质量的食品。有机食品是食品的最高档次，在我国刚刚起步，即使在发达国家也是一些高收入、追求高质量生活水平人士所追求的食品。

(4) 农产品地理标志 是指标示农产品来源于特定地域，产品品质和相关特征主要取决于自然生态环境和历史人文因素，并以地域名称冠名的特有农产品标志。农产品地理标志则是借鉴欧洲发达国家的经验，为推进地域特色优势农产品产业发展的重要措施。农业部门推动农产品地理标志登记保护的主要目的是挖掘、培育和发展独具地域特色的传统优势农产品品牌，保护各地独特的产地环境，提升独特的农产品品质，增强特色农产品市场竞争力，促进农业区域经济发展。

239. 什么是休药期?

休药期是指从停止给药到动物体内药物代谢完毕，允许产品上市的这一段时间，也称为停药期。休药期是依据药物在动物体内的消除规律确定的，就是按最大剂量、最长用药周期给药，停药后在不同的时间点屠宰，采集各个组织进行残留量的检测，直至在最后那个时间点采集的所有组织中均检测不出药物为止。

无公害水产品生产过程中，在水源、土壤、大气、饲料、添加剂的使用等方面达到国家制定的无公害标准后，渔药的规范使用是水产品达到无公害标准的重要因素，其含义包括两方面：一是不使用国家明令禁止的渔药品种；二是规范使用渔药，包括对病原的正确诊断，根据季节及温度条件确定给药的品种、剂量、方法、休药期等，因为渔药的施用是通过管理者来实施的，所以规范使用渔药是确保养殖对象达到无公害标准的前提。

渔用药物使用的基本原则、使用方法（含休药期规定）和禁用药物（详见附录二）的相关规定参考《无公害食品渔用药物使用准则》（NY 5071—2002）。

240. 人工饲养的鱼和野生鱼谁更安全?

对于野生鱼虾，它的风险来自不可控，水体中重金属通过食物链层层富集，接触的微生物和病菌更多，更容易感染寄生虫。目前对水产品的安全监测只覆盖养殖鱼类，对野生鱼的检测还属监管空白，食用野生鱼类的安全性还无法保证。而养殖鱼因为产品品种差异，地域差异，养殖户观念差异，产品安全性也无法确保百分百，但随着技术的发展，监管体系的逐步完善，其安全系数总体高于野生鱼类。

241. 养殖黄鳝用避孕药吗?

养殖黄鳝不用避孕药。

黄鳝是一种罕见的具有性逆转特性的鱼类。在发育过程中具有雌雄性逆转的特性，幼龄时期全是雌性，产卵后逐步过渡为雄性。由于雌鳝要在繁殖环节消耗大量体能，生长速度受到一定影响，所以体型较小的黄鳝体内生殖腺全为卵巢。雌鳝产卵后，卵巢会逐渐退化，精巢逐渐长大，所以中等体型的黄鳝体内既有正在退化的卵巢，也有正在生长的精巢。而较大体型的黄鳝体内则只有精巢了，此时变成了雄鳝，少了产卵这一环节的耗能，生长速度相对较快，体型上也比雌鳝偏大。市场上的黄鳝完全符合它们正常的发育状态，大的黄鳝体内只有精巢，说明它们均是正常产卵后长大的，并没有用避孕药抑制其产卵。况且避孕药以雌激素为主，如果给黄鳝喂避孕药，黄鳝会持续在雌性阶段，不但抑制生长，还会增加养殖成本，得不偿失。

附录一

水产养殖
生产记录本

附表1 基 本 情 况

________区（县）________镇（乡）________渔场________号池塘

________年度

养殖证编号：________（________）养证［________］第________号

场长：________，技术员：________，责任人：________；

鱼池总面积：______亩（平方米），平均水深：______（米），水源：______；

增氧机类型：________，品牌：________，功率：________，台数：______；

投饵机品牌：________，台数：________；

其他机械：______________________________。

附表2 放 养 记 录

放种时间	品种	鱼种来源（单位、负责人姓名、电话）	平均规格（kg/尾）	单价	数量或重量（尾/kg）	备 注*

* 包括池塘清塘时间、放水时间、鱼种消毒药物、记录人等。

附表 3　饲料采购记录

购买时间	用完时间	饲料名称	销售商家	饲料单价（元/吨）	总重量（吨）	备　　注*

* 包括饲料的蛋白含量和使用中遇到的问题等。

附表4　用　药　记　录

用药时间	药品名称	销售商家	发病品种及病鱼量	药品单价（元）	用药方式及用量	备　注*

* 突发事件、死鱼数量重量、死鱼种类及记录人等。

附表5 销 售 记 录

销售时间	销售品种	规格	销售量（kg）	销售单价（元/kg）	销售去向（单位、姓名、电话）	备 注*

* 市场行情、突发事件及记录人等。

附表 6　日常管理日志

日　期	天　气			透明度	气温/水温	投饲重量				增氧时长		备注*
	晴	阴	雨			1	2	3	4	1	2	
1月1日												
1月2日												
1月3日												
1月4日												
1月5日												
1月6日												
1月7日												
1月8日												
1月9日												
1月10日												
……												
12月31日												

* 指鱼活动状况、换水次数及数量等非日常状况。当鱼发生异常或异常死亡时，应测 pH 和溶氧等理化指标，并填入“备注”栏或附表 7“特殊情况记录”中。

附表 7　特殊情况记录

附表 8　检查检测记录表

日期	检查内容	检查检测人	备注

附录二

水产养殖禁用渔药清单

编号	药物名称	别名
1	孔雀石绿	碱性绿
2	氯霉素及其盐、酯	
3	己烯雌酚及其盐、酯（包括：琥珀氯霉素），及制剂	乙烯雌酚
4	甲基睾丸酮及类似雄性激素	甲睾酮
5	硝基呋喃类（常见如）	
	呋喃唑酮	痢特灵
	呋喃妥因	呋喃坦啶
	呋喃西林	呋喃新
	呋喃那斯	P—7138
	呋喃它酮，呋喃苯烯酸钠 亦禁用	
6	卡巴氧及其盐、酯	卡巴多
7	万古霉素及其盐、酯	
8	五氯酚钠	PCP—钠
9	毒杀芬	氯化莰烯
10	林丹	丙体六六六
11	锥虫胂胺	
12	杀虫脒	克死螨
13	双甲脒	二甲苯胺脒
14	呋喃丹	克百威
15	酒石酸锑钾	
16	各种汞制剂（常见如）	
	氯化亚汞	甘汞
	醋酸汞	乙酸汞
	硝酸亚汞	
*17	喹乙醇	喹酰胺醇
*18	环丙沙星	环丙氟哌酸
*19	红霉素	

*20 阿伏霉素——————————————阿伏帕星
*21 泰乐菌素
*22 杆菌肽锌—————————————— 枯草菌肽
*23 速达肥 ——————————————苯硫哒唑
*24 磺胺噻唑 ——————————————消治龙
*25 磺胺脒 ——————————————磺胺胍
*26 地虫硫磷 ——————————————大风雷
*27 六六六
*28 滴滴涕
*29 氟氯氰菊酯 ——————————————百树得
*30 氟氰戊菊酯 ——————————————保好江乌
*31 诺氟沙星、氧氟沙星、培氟沙星、诺美沙星

备注：不带 * 者系农业部第 193 号公告和 560 号公告涉及的绝对禁用的渔药部分，违者将予以严厉处罚；带 * 者虽未列入以上两公告，但属于《无公害食品渔用药物使用准则》禁用范围，无公害水产养殖单位应当遵守。

参 考 文 献

戈贤平，等，2005. 新编淡水养殖技术手册 [M]. 上海：上海科学技术出版社.

龚世园，2011. 淡水捕捞学 [M]. 北京：中国农业出版社.

李明云，2011. 水产经济动物增养殖学 [M]. 北京：海洋出版社.

全国水产技术推广总站，2014. 2014 年新品种推广指南 [M]. 北京：中国农业出版社.

全国水产技术推广总站，2014. 水产养殖节能减排实用技术 [M]. 北京：中国农业出版社.

全国水产技术推广总站，2015. 2015 年新品种推广指南 [M]. 北京：中国农业出版社.

全国水产技术推广总站，2016. 2016 年新品种推广指南 [M]. 北京：中国农业出版社.

全国水产技术推广总站，2017. 2017 年新品种推广指南 [M]. 北京：中国农业出版社.

全国水产养殖病害防治网络委员会，2001. 淡水鱼病防治彩色图说 [M]. 北京：中国农业出版社.

宋关碧，1999. 鱼病防治实用技术 [M]. 重庆：重庆出版社.

汪开毓，肖丹，等. 2008. 鱼类疾病治疗原色图谱 [M]. 北京：中国农业出版社.

王武，2000. 鱼类增养殖学 [M]. 北京：中国农业出版社.

杨先乐，2009. 常规淡水鱼类养殖用药处方手册 [M]. 北京：化学工业出版社.

战文斌，2011. 水产动物病害学 [M]. 北京：中国农业出版社.

中华人民共和国农业部，2009. 大宗淡水鱼 100 问 [M]. 北京：中国农业出版社.

中华人民共和国农业部，2009. 大宗淡水鱼 100 问［M］. 北京：中国农业出版社.

中华人民共和国农业部，2018. 2018 年农业主推技术［M］. 北京：中国农业出版社.